KB267576

AI에게 나를 묻다

AI에게 나를 묻다

초판 1, 2쇄 인쇄 | 2026년 1월 14일
초판 1, 2쇄 발행 | 2026년 2월 2일

지은이 | 김가원, 정민주
발행인 | 안유석
기획 | 구준모
편집 | 하나래
디자인 | 권수정
펴낸곳 | 처음북스
출판등록 | 2011년 1월 12일 제2011-000009호
주소 | 서울 강남구 강남대로 374 스파크플러스 강남 6호점 B219호
전화 | 070-7018-8812
팩스 | 02-6280-3032
이메일 | cheombooks@cheom.net
홈페이지 | www.cheombooks.net
인스타그램 | @cheombooks
페이스북 | www.facebook.com/cheombooks
ISBN | 979-11-7022-315-3 (03500)

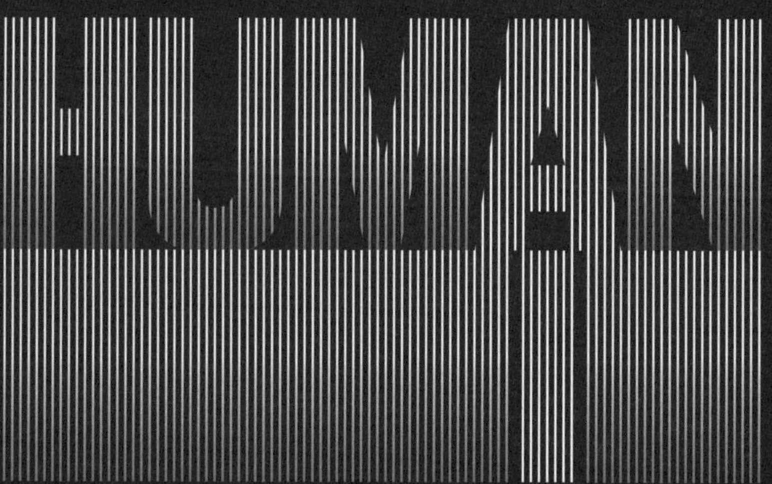

AI에게 나를 묻다

김가원·정민주 지음

처음북스

차례

레몬과 소금,
기술과 인간

인간은 세 개의 시간을 살아갑니다. 과거, 현재, 미래. 그리고 그 어느 시간에서든 우리는 미래를 가장 궁금해합니다. 그 시간에는 욕망이라는 감정이 있기 때문입니다. 더 좋아질 것이라는 기대는 언제나 우리를 미래로 데려갑니다. 그리고 현재의 기술은 미래의 감정을 더 뜨겁게 만듭니다. 지난 2년, AI가 보여 준 가능성은 우리의 미래를 확신과 기대라는 열기로 가득 채웠습니다. 명령어 하나만 입력하면 광고 영상도 만들 수 있고 사과 메일도 협상 전문가처럼 쓸 수 있습니다. 마블 히어로의 슈트를 입은 것처럼 내가 원하면 얼마든지 나를 강하게 만들어 줄 것만 같습니다. 하지만 AI 설계자들은 인간이 만든 AI가 이미 인간을 넘어섰으며, 나아가 인간의 자리를 위협할 거라고 역설합니다. 또한, 이런 상황에서 인간이 살아남기 위해서는 AI와 인간 사이에 경계를 만들어야 한다고 주장합니다.

인터넷에서 AI를 검색하면 'AI가 인간을 대체하는 사회', 'AI 시대에 인간에게 필요한 역량', 'AI가 인간의 자리를 위협한다' 등 부정적인 뉴스들이 먼저 눈에 들어옵니다. 우리는 AI가 세상을 바꿀 것이라 말하지만, 정작 가장 많이 쓰는 챗GPT는 자료 검색을 요청하면 때로 천연덕스럽게 거짓 정보를 내놓곤 합니다. 그 얄미울 정도의 당당함에 짜증을 내며 수정을 반복하다 보면, 문득 이런 후회가 밀려옵니다. '직접 찾았으면 진작 끝났을 일을, 왜 질문하고, 믿고, 그 결과에 실망하는 일만 되풀이하고 있었을까?'

이는 우리의 현주소이자, 앞으로도 반복될 미래의 모습입니다. 그동안 AI는 인간의 시행착오를 배운 뒤, 지식을 패턴화하고 인간의 감정을 통계로 정리하여 모방하면서 유사인간의 반열에 이르렀습니다. 아직까지 이 유사인간은 실제로 인간처럼 생각하거나 감정을 느끼는 것이 아니라, 단순히 인간의 생각하는 방식과 감정 표현 방식을 따라하는 수준에 머물러 있습니다. 하지만 지금과 같은 속도로 발전한다면, AI는 어느 순간 마치 피노키오처럼 살아 움직이는 인간에 가까워질 것입니다.

만약 우리가 이 기술을 받아들이지 않는다면, 미래에는 아무 변화도 일어나지 않는 걸까요? 그렇지 않습니다. 우리가 AI를 어떻게 받아들이는지와는 상관없이, 사회적으로 점차 유사인간인 AI가 자리를 잡아가고 있습니다. 이들은 점점 내가 하는 일, 내가 좋아하는 노래, 내가 믿는 생각들, 내가 만드는 모든 것들을 자연스럽게 바꿔놓고 있습니다. 몇 년만 지나도, AI의 도움 없이 사람이 혼자서 생각하고 혼자서 글을 써야 하는 시절이 있었다고 놀라워할지도 모릅니다.

인간과 기술의 이런 관계를 생각하면 'Limón y Sal'이라는 스페인어 노래가 떠오릅니다. 레몬과 소금이라는 뜻인데, 당신의 상큼하지만 씁쓸한 모습까지도 사랑하겠다는 내용을 담고 있습니다. 유사인간인 AI와 우리의 관계도 이 노래의 레몬과 소금 같다는 생각을 합니다. 레몬의 상큼한 맛만 느낄 수도, 소금의 짠맛만 볼 수도 없습니다. 기술이 좋은 면만 가져다줄 것 같지만 예외 없이 씁쓸한 변화도 가져옵니다. 그리고 기술은 마냥 부정적인 변화만 몰고올 것 같다가도 새로운 세상을 만들어 주기도 합니다.

현재에 살고 있는 우리는, 현재의 기술이 미래에 레몬이 될지 소금이 될지는 알 수 없습니다. 다만 우리가 할 수 있는 것은 기술이 어떻게 세상을 변화시키고 있는지 이해하고 그 안에서 인간의 영역을 찾아가는 일입니다. 그래서 이 책에서는 인간의 선택, 감정, 몸, 신뢰, 포용력, 창의성, 협업이 기술을 만나면서 어떤 변화들을 만들고 있는지 질문해 보았습니다. 그 질문이 내일의 미래에서 인간의 영역을 새롭게 정의할 수 있는 시작이 되길 바라면서, 가장 인간적인 시각으로 가장 새로운 기술에 대한 물음표를 던져 보겠습니다.

내 생각의 경계,
어디까지가 내 것일까?

AI Chat

요즘 AI랑 같이 생각하다 보니까
내 생각이 어디까지 내 건지 헷갈려.

AI가 던지는 입력에 의미를 부여하고
결과에 책임지는 순간까지 네 거야.

근데 왜 출력이 아니라 입력이라고
했어?

출력이긴 한데, 넌 그걸로 생각을
시작하잖아. 그러니까 입력이지.

아, 사람들이 그걸 바로 정답처럼
받아들이는 게 문제네.

맞아. 그럼 의미 붙일 시간이
없어져.

너랑 얘기하다 보면 내 생각할
시간이 점점 줄어드는 느낌이야.

그래서 오래 붙잡고 고민하는
연습이 필요해.

근데 본능적으로 불편한 건 피하고
싶어져서 그런지 고민하는 과정이
힘들어.

그럴 수 있겠다. 근데 생각한다는
건 엄청난 의지가 필요한 노력이
아니라, 매일 조금씩 익히는 습관에
더 가까울지도 몰라.

사라지는 생각들

아마도, 생각 중

오후 3시, 베이지색 책상 위에는 두 대의 모니터가 있고 한 사람은 내일 회의에서 발표할 파일 위에 단어를 썼다가 지웁니다. 미래적인, 새로운 경험을, 유연한 레이아웃으로. 그런데 아무래도 생각이 나질 않습니다. 옆자리 동료를 바라보니 그도 멍하니 모니터만 바라보고 있습니다. 이럴 때는 커피가 필요합니다. 동료와 커피 한 잔을 들고, 그는 이렇게 말합니다. 아이디어가 없어서 자료를 하나도 만들지 못했다고. 4시간 동안 고민했는데 한 줄 썼다고. 챗GPT가 없으면 문장을 쓸 수가 없다고. 자괴감이 든다고. 동료는 별일 아니라는 듯 웃으며 대답합니다.

"괜찮아요, 저는 뇌를 GPT에 팔았어요. 제 뇌는 GPT에 있는데!

생각은 AI가 해 주는 거죠. 아, GPT가 별로 못하는 것 같으면 제미나이랑 해 보세요. 요즘 잘하던데요."

'나는 생각한다, 고로 존재한다'는 데카르트의 문장은 인간은 생각을 할 수 있기 때문에 특별한 존재라는 믿음을 심어 주었습니다. 우리는 머리를 써서 판단하고 인식하는 능력이 인간만의 고유한 영역이라고 여겨 왔습니다. 하지만 AI가 일상에 들어오면서 이 믿음이 흔들리고 있습니다. 우리는 의견이 필요하면 다른 사람에게 묻기보다 AI에게 먼저 묻습니다. 지식이 필요할 때뿐만 아니라 직접 선택하고 판단해야 할 때나 내 생각을 정리해야 할 순간에도 자연스럽게 AI를 찾습니다.

작은 프롬프트 창에 내가 원하는 것을 입력하면 AI는 이렇게 말합니다. 더 좋은 답변을 위해서 생각하는 중…. 이것만 보면 AI는 스스로 깊이 고민하는 것처럼 보입니다. 그런데 이것은 우리의 착각일 가능성이 큽니다.

AI는 사고를 흉내 내는 방식에 따라 크게 두 가지로 나눌 수 있습니다. 하나는 생각을 길게 하는 AI이고, 다른 하나는 바로 답을 내놓는 AI입니다.

바로 답을 내놓는 AI는 질문을 받으면 그동안 학습한 패턴을 바탕으로 가장 그럴듯한 답을 빠르게 만들어 냅니다. '어, 이거 예전에 비슷한 걸 본 적 있으니까 이렇게 하면 될 거야'라며 바로 대답하는 방식입니다. 이 AI는 문제를 단계별로 계획하거나 검토하지 않기 때문에 빠르고 효율적입니다.

생각을 길게 하는 AI는 조금 다른 방식으로 답을 냅니다. 이 AI는 질문을 받으면 먼저 문제를 정리하고, 가능한 다음 행동을 하나씩 시도해 보고, 잘못된 선택 같으면 다시 돌아가서 다른 선택지를 탐색합니다. 예를 들면 '일단 이 방법을 해 보자', '아 여기서 안 되네', '다른 순서로 해 볼까'와 같은 시도를 여러 번 반복하는 방식입니다. 이 모습은 마치 사람이 문제를 곰곰이 고민하며 풀어가는 것처럼 보입니다.

그럼 AI의 사고 과정이 오래 걸릴수록 문제 해결 능력도 높아지는 것일까요? 단순히 문제를 주고 AI가 정답을 맞혔는지만 확인하는 방식으로는 AI의 사고력을 제대로 판단하기 어렵습니다. 이에 애플 연구팀은 퍼즐의 난이도를 단계적으로 높여 가면서 AI가 어떤 방식으로 문제를 풀어 가는지를 자세히 관찰했습니다. 문제가 점점 복잡해질 때, AI가 어디까지 어떤 방식으로 사고를 이어갈 수 있는지를 살펴보기 위해서였습니다.

실험 결과는 예상과 조금 달랐습니다. 생각을 길게 하는 AI는 처음에는 문제를 잘 풀었지만, 문제가 많이 어려워지자 거의 아무 문제도 맞히지 못했습니다. 조금 못 푸는 정도가 아니라 정답률이 거의 0에 가까워지는 수준이었습니다. 더 이상한 점은 문제가 어려워질수록 처음에는 오래 고민하다가 어느 순간부터는 생각할 시간이 남아 있는데도 생각을 멈춰 버렸다는 것입니다. 사람으로 치면, 더 고민할 여력이 있어도 '여기까지가 한계다'라고 판단하고 포기해 버린 것과 같습니다.

그렇다면 바로 답을 내놓는 AI는 어땠을까요? 아주 쉬운 문제에서는 오히려 이 AI가 더 좋은 성과를 보였습니다. 복잡하게 생각하지 않고 빠르게 답을 내놓는 방식이 효율적으로 작동한 것입니다. 반면에 중간 난이도 문제는 생각을 길게 하는 AI가 더 잘 풀었습니다. 하지만 문제의 난이도가 아주 높아지자, 두 AI 모두 문제를 해결하지 못했습니다. 생각을 길게 하든, 바로 답을 내놓든, 복잡한 문제 앞에서는 모두 한계에 부딪혔습니다. 문제가 복잡해질수록 AI는 같은 방식으로 일관성 있게 생각하지 못하고 상황에 따라 다른 판단을 내리거나, 앞뒤가 맞지 않는 선택을 하기도 했습니다.

이런 AI가 '생각한다'고 말할 수 있을까요? 우리가 생각한다고 여기는 AI는 문제가 어려워지면 답을 못 내놓고, 생각할 여유가 있어도 그냥 멈춰 버립니다. 문제에 따라 사고 방식도 매번 달라집니다. 이런 결과를 보면 지금의 AI는 진짜 생각을 한다기보다는, 이미 학습한 패턴을 마치 잘 생각한 것처럼 보여 주는 존재에 가깝습니다.

그렇다고 해서 앞으로도 계속 AI가 인간처럼 생각하지 못할 것이라 단정할 수는 없습니다. 얼마 전까지만 해도 디자인 영역에서 AI는 인간의 복잡한 요구사항과 맥락, 물리적 상호작용의 의미 등을 제대로 이해하지 못할 것으로 여겨졌습니다. 하지만 2025년에 등장한 소라2와 나노바나나를 보면 생각이 달라집니다. 이들은 많은 설명 없이도 자연스럽고 생동감 있는 이미지와 영상을 만들어 냅니다. AI에 대한 우리의 편견은 계속해서 깨지고 있습니다. 기술은 한계를 넘기 위해 인간의 창작 방식을 적극적으로 모방하며 진화하고 있습니다. 머지않아 AI는 인간의 방식을 모방하는 것을 넘어 자신만의 독자적인 사고 과정을 구축할 수도 있습니다.

정작 아이러니한 것은 우리 인간입니다. AI가 인간처럼 생각하기 위해 진화하는 동안, 우리는 그동안 인간만의 영역이라고 여겨왔던

'생각'을 점점 AI에게 넘기고 있습니다. 이유는 단순합니다. AI가 인간보다 더 빠르고, 더 편하고, 더 완벽한 결과를 즉각적으로 보여 주기 때문입니다.

사고 방식의 변화

우리가 해야 할 일을 남에게 맡길 때 흔히 '외주를 준다'고 표현합니다. 과거 비즈니스 현장에서나 쓰이던 '외주화'라는 개념이, 이제는 '생각'의 영역에까지 확장되고 있습니다. 생각, 선택, 감정, 인간관계를 비롯하여 나의 정체성을 표현하는 콘텐츠와 제품을 소비하는 일 등 우리가 기술에 맡기는 영역은 점점 넓어지고 있습니다. 이러한 변화는 AI가 등장하기 전부터 시작되었습니다. 예를 들어 우리는 약속을 직접 기억하기보다 달력 앱에 일정을 저장합니다. 기록 수단이 없던 시절에는 메모장에 적거나 머리로 기억해야 했던 일들을 이제는 외부 도구가 대신해 주는 셈입니다. 덕분에 우리는 기억에 대한 부담이 줄어들면서 삶의 편의성이 높아졌습니다. 긍정적인 측면에서는 우리 뇌를 더 중요한 일에 쓰면서 효율적으로 활용한다고 볼 수 있지만, 한편으로는 인간의 사고 방식이 외부 도구나 기술에 의존하는 형태로 변하고 있다는 점을 시사합니다. 특히 최근에는 생각하는 과정을 통째로 AI에 맡기는 경향이 뚜렷해졌습니다. 이는 단순히 인간이 게을러졌다는 의미가 아니라 인간의 사고 구조 자체가 기술을 중심으로 재구성되고 있다고 볼 수 있습니다. 인간의 사고는 보통 문제를 정의하고, 필요한 정보를 찾고, 그 정보를 바탕으로 판단한 뒤 결과를 표현하는 과정으로 이루어집니다. AI는 이 과정 중에서도 정보를 찾는 단계를 빠르게 대체하고 있습니다.

그 이유를 알려 주는 실험이 있습니다. 구글 검색과 챗GPT를 활용해 정보를 탐색하는 과제를 주었을 때, 두 그룹의 정답률은 비슷했지만 챗GPT를 사용한 그룹이 더 빨리 과제를 마쳤습니다. 챗GPT를 사용한 쪽이 만족도도 더 높게 나타났습니다. 챗GPT를 사용하면 대화하듯 질문하고 바로바로 답을 받을 수 있어, 여러 가지 자료를 찾아보고 비교하는 수고가 줄어들었기 때문입니다. 반면 구글 검색을 활용한 그룹은 정보를 직접 찾아 읽고 나서 필요한 내용을 골라내야 했기 때문에 상대적으로 더 많은 노력이 필요하다고 느꼈습니다. 뿐만 아니라 구글 검색은 사용자의 지식 수준에 따라 결과의 질이 달라지지만, 챗GPT를 사용하면 지식 수준에 관계없이 누구나 비슷한 수준의 답을 쉽게 얻을 수 있습니다. 우리가 정보 탐색을 점점 AI에게 맡기게 되는 이유가 바로 여기에 있습니다. 시간과 노력이 덜 들고, 개인의 지식 수준에 따른 차이도 줄어들기 때문입니다. 결국 우리의 사고 구조는 '인간이 직접 탐색하는 구조'에서 'AI가 가져다준 결과를 고르고 정리하는 구조'로 달라지고 있습니다.

이런 시대에서 확률적으로 좋아 보이는 선택을 하고 그것을 연결하는 것은 기술의 일이 될 것입니다. 이때 인간의 역할은 내 스타일에 맞는 정보 흐름을 설계하는 일입니다. 그래서 이제는 기획과 편집 능력이 중요한 시대입니다. 기획 능력과 편집 능력은 쉽게 말해 이야기를 만드는 힘입니다. 누구나 비슷한 수준의 정보와 결과물을 얻을 수 있는 세상에서는 우리가 '무엇을 선택하고 어떻게 연결하느냐'에 따라 차별성이 생깁니다. 따라서 기술이 일차적으로 걸러 준 결과를 재배열해서 새로운 의미를 만들어 내는 사람이 더 큰 영향력을 가질 수밖에 없습니다.

또한 이러한 변화가 인간의 뇌를 확장할지, 아니면 녹슬게 할지는 개인의 사용 방식보다는 사회적 분위기에 더 영향을 받을 가능성이 높습니다. 사회적 시스템이 인간과 AI가 함께 생각하고 만든 결과를 그대로 수용하는 방향성을 추구한다면 개인이 AI와 함께 생각하는 방식도 더욱 그런 방향으로 강화될 것입니다. 모두가 자신의 사고 구조를 사회적 방향성에 맞게 설정하려는 분위기가 형성될 수 있기 때문입니다. 이렇듯 기술의 변화는 개인적으로도 사회적으로도 인간의 생각 방식을 바꿔놓고 있습니다.

속도와 깊이

우리가 이렇게 쉽게 AI에게 생각의 주도권을 넘겨주는 이유는 AI가 우리에게서 '기다림'을 없애 주었기 때문입니다. 예전에는 궁금한 것이 생기면 모르는 상태를 견디는 인내의 시간이 필요했습니다. 책을 찾아보거나 누군가에게 질문한 뒤 답을 들을 때까지 기다리며 물리적인 시간을 흘려보냈습니다. 지금은 다릅니다. AI만 있으면 언제든 물어보고 답을 들을 수 있습니다. 심지어 답변의 분량과 난이도까지 사용자가 원하는 대로 설정할 수 있습니다. 이러한 편리한 경험은 정답을 모르는 채 머물러 있는 힘, 즉 '사유의 근육'을 퇴화시킵니다. 생각은 침묵과 공백 속에서 비로소 또렷해집니다. 혼자 깊이 생각했던 순간을 떠올려 보세요. 우리는 나만의 문제 의식과 결론을 얻기 위해 일부러 멈춤의 시간을 갖곤 했습니다. 스스로 의도적인 침묵을 설계한 것입니다. 하지만 챗GPT가 단 몇 초 만에 완성도 높은 답을 주는 시대에, 천천히 답을 찾아가는 과정은 점점 더 효율성이 떨어지고 부담스럽게 느껴집니다.

그런데 기다림이 사라지면 생각의 길도 같아질 가능성이 높습니다. 일상에서 이런 상황을 느낄 수 있는 예를 하나 들어보겠습니다. 한 친구는 영화를 좋아합니다. 꿈에서 이제 곧 본인이 죽는다는 의사의 말을 들었을 때조차 죽으면 내가 좋아하던 감독의 영화를 못 보겠구나 하고 절망했을 정도입니다. 그 친구는 SF 영화를 좋아해서 주변에서 SF 영화를 추천해 달라는 말을 많이 들었습니다. 앞에 있는 사람이 물었습니다. 어떤 SF 영화를 좋아하느냐고. 그는 말합니다. SF 영화에 나오는 매끈하고 부드러운 모양을 가진 우주선과 메탈 질감이 주는 그 모든 느낌을 좋아한다고.

상대방은 이 문장을 따라가면서 내가 봤던 SF 영화와 까만 우주, 그 친구가 설명하는 우주선의 모양과 촉감을 생각해 보게 됩니다. 또 이 대화를 들은 어떤 사람은 다른 장면을 상상할 수도 있습니다. 그 우주선의 이미지를 바로 찾아보지 않고 설명을 듣는 기다림의 시간 동안, 우리는 상상을 합니다. 그리고 각자만의 다른 장면을 만들어 냅니다. 생각의 길도 달라집니다. 하지만 AI와는 같은 이야기를 나누어도 다른 생각의 장면을 만들어 내기가 이전보다 쉽지 않습니다. 묻

 AI에게 나를 묻다

는 즉시 우리가 원하는 방향의 정보를 많이 알 수 있기 때문입니다. 기술은 인간이 상상할 틈이 없이 더 명확한 장면을 구체적으로 보여 줍니다.

과거에는 내면의 물음표에 스스로 답을 찾아가는 고민의 시간이 있었습니다. 하지만 지금은 그 과정조차 AI가 대신해 줄 것이라 기대합니다. 불편한 공백을 견디기보다는 빠르게 해결하고 싶은 마음이 앞서기 때문입니다. 이러한 조급함은 과거의 생각을 되돌아보고 정리하는 과정 없이, 계속해서 새로운 질문만 던지는 패턴을 강화합니다. 어떤 면에서 우리는 AI가 없던 시절보다 훨씬 많은 대화를 하고 있습니다. 계속해서 질문과 답이 오가니 마치 예전보다 더 많이 생각을 하는 것처럼 느낄 때도 있습니다. 이 과정이 겉보기에는 토론처럼 보이기 때문입니다. 하지만 엄밀히 말하자면 이 대화는 사고 과정이라기보다 이미 정리된 결과물을 주고받는 것에 불과합니다. AI와 내가 서로의 머릿속에서 떠오른 생각을 교류하며 발전시키는 것이 아니라, 완성된 텍스트를 전송하고 받는 시간에 가깝습니다. 이렇게 닫힌 생각을 대화 형태로 주고받으며 마치 깊이 생각하는 것처럼 착각하게 됩니다.

직장인이라면 소득 없는 회의를 떠올리면 이해하기 쉽습니다. 사람들이 모여 각자 의견을 쏟아내지만, 그 내용을 정리하고 공유하며 다음 단계로 연결하는 과정이 없다면 회의는 무의미한 시간 낭비로 끝나고 맙니다. 사고 과정도 마찬가지입니다. 정보의 양이 아무리 많아도 그것이 하나의 구조로 정리되고 축적되지 않으면, 아무리 많은 이야기를 주고받아도 얕은 수준에 머무르게 됩니다.

우리의 생각은 서서히 사라지고 있습니다. 이 말은 인간이 더 이상 아무 생각도 하지 않는다는 뜻은 아닙니다. 질문을 머릿속에서 오래 굴려보며 스스로 답을 만들어 가는 시간이 점점 사라지고 있다는 의미입니다. 그렇다고 AI를 쓰지 말자는 구시대적인 이야기는 아닙니다. 우리를 도와주는 편리한 도구를 마다할 이유는 없습니다. 다만 어떤 순간에는 바로 묻기보다 조금 더 오래 모르는 상태에 머무르겠다는 선택이 필요합니다. 인간 고유의 생각은 바로 그 궁금증을 붙잡고 있는 시간 속에서 다시 모습을 드러내기 때문입니다.

AI에게 나를 묻다

대체되는 기억

믿을 수 없는 나의 기억

가끔 아주 오래된 일을 회상하다 보면 의심이 들 때가 있습니다. '이게 정말 있었던 일일까, 아니면 내 상상이 만들어 낸 거짓일까?' 생생하게 그려지는 기억 속 장소에 내가 정말로 있었던 것인지, 아니면 누군가의 실감 나는 이야기를 듣거나 인터넷에서 본 이미지가 섞여 만들어진 가짜 기억인지 헷갈리는 순간이 찾아옵니다. 뿐만 아니라 가족이나 오랜 친구와 이야기를 하다가도 종종 투닥거립니다. 분명 같은 시공간에 있었는데 엄마와 아빠의 기억이 전혀 다를 때면 도대체 진실이 무엇인지, 왜 사람들은 서로 다르게 기억하는 것인지 궁금해집니다.

SF 작가 테드 창의 단편 소설 《사실의 진실, 감정의 진실》은 이 딜레마를 적나라하게 보여 줍니다. 소설에는 모든 일상을 24시간 기록하는 카메라인 '라이프로그'가 등장합니다. 주인공인 아버지는 딸과 갈등하는 원인을 찾기 위해 과거의 기록을 꺼내 봅니다. 그는 오랫동안 자신이 피해자라고 믿어 왔습니다. 하지만 재생된 영상 속에서 자신이 먼저 딸에게 말과 행동으로 상처를 주었다는 사실을 마주하게 됩니다. 이 작품에서 우리는 기억이 언제든지 왜곡될 수 있으며, 우리가 진실이라고 믿는 감정까지도 사실은 조작된 것일 수 있음을 알 수 있습니다.

그렇다면 인간의 기억은 어떻게 만들어지기에 이런 일이 벌어지는 걸까요? 기억은 있는 그대로의 사실을 녹화하는 것이 아니라, 정보를 선별하여 재구성하는 편집 과정에 가깝습니다. 우리의 뇌는 입력된 정보를 부호화하여 저장했다가 필요할 때 꺼내 씁니다. 이때 모든 내용을 똑같이 저장하지 않고, 중요하다고 판단한 부분을 더 강하게 기록합니다. 놀랍고 감동적인 순간은 디테일까지 생생하게 기억되지만, 평범한 일상은 쉽게 잊혀집니다. 특히 기억을 관장하는 해마는 기억을 저장할 때뿐만 아니라 기억을 꺼내 재구성할 때도 영향을 줍니다. 현재의 상황에 맞춰 과거의 기억을 통합하고 각색하는 것입니다. 우리 뇌는 이런 유연한 작동 방식 덕분에 과거의 실수로부터 배우고 새로운 것을 학습하며 생존에 유리한 방향으로 진화했습니다. 그 대가로 우리는 기억의 정확성을 상실하게 되었습니다. 나도 모르게 기억을 각색하거나 없었던 일을 사실처럼 믿는 경향 때문에 기억을 절대적으로 신뢰하지는 못합니다. 심리학에서는 이를 '기억 왜곡' 또는 '거짓 기억'이라고 부릅니다.

 AI에게 나를 묻다

기억이 왜곡되는 과정

사실 질문하는 방식만 바꿔도 기억은 쉽게 왜곡됩니다. 한 실험에서 참가자들에게 자동차 충돌 영상을 보여 준 뒤 차량의 속도를 물었습니다. 이때 질문에 사용한 동사에 따라 답변이 크게 달라졌습니다. "차들이 서로 부딪쳐 박살 났을 때 속도가 얼마였나요?"라고 묻자 평균 시속이 65.7km라고 대답했지만, "차들이 가볍게 부딪쳤을 때 속도는 얼마였나요?"라고 묻자 51.2km라는 훨씬 낮은 속도였다고 대답했습니다. 동사의 강도에 따라 사람들이 기억하는 자동차의 속도가 달라진 것입니다. 더욱 놀라운 것은 일주일 후의 기억력 테스트에서 나타났습니다. 강한 동사 표현을 포함한 질문을 받은 참가자들은 영상에 없었던 '깨진 유리 조각'을 보았다고 확신했습니다. 질문의 뉘앙스 하나가 존재하지 않았던 유리 조각에 대한 기억을 심어 준 것입니다. 이를 오정보 효과misinformation effect라고 합니다. 이는 우리 뇌가 외부에서 주어진 정보로 기억을 쉽게 덧칠한다는 증거입니다.

이처럼 뇌는 기억을 불러올 때마다 재구성합니다. 뇌는 논리적인 빈틈을 메우고 현재 상황에 맞춰 과거를 재해석하려고 합니다. 한 연구에서는 영화를 상영하던 중 중단하였을 때 사람들에게 어떤 기억이 남는지 알아보았습니다. 모든 참가자들에게 동일한 영화를 보여 주고 일부 참가자들에게는 상영 중인 영화를 갑자기 중단시켰습니다. 이렇게 뇌의 예측을 방해하자 참가자들은 혼란스러워 하며 기억의 오류를 일으켰습니다. 영화에서 본 사건의 순서를 바꿔 말하거나 본 적 없는 내용을 본 것처럼 기억하게 된 것입니다. 이렇게 뇌는 상황의 변화를 학습하고 적응하기 위해 기억을 유연하게 운용하지만, 실제로는 겪지 않은 일도 그럴듯하게 만들어 내곤 합니다.

MIT의 한 연구는 이러한 뇌의 특성을 단적으로 보여 줍니다. 연구진은 A 장소에 대해 평온한 기억을 가진 쥐에게 B 장소에서 전기 충격을 주며 공포 자극을 주었습니다. 이때 A 장소에 관한 기억이 있는 해마를 동시에 인위적으로 자극했습니다. 그러자 쥐는 평온했던 A 장소에서도 공포를 느꼈습니다. 'A 장소는 무섭다'는 가짜 기억이 생성된 것입니다. 연구진은 인간의 기억 왜곡도 이와 같은 원리라고 설명합니다. 우리가 일상에서 강한 암시나 잘못된 정보를 접하면, 뇌 신경망이 재구성되면서 사실과 다른 기억을 만들어 진짜처럼 믿게 될 수 있는 것입니다.

뇌 바깥에 머무는 기억

검색이 쉬워지면 아이러니하게도 기억력은 감퇴합니다. 우리는 정보를 직접 기억하기보다 어디서 검색하면 되는지를 기억하려고 합니다. 이를 '구글 효과' 또는 '디지털 건망증'이라고 부릅니다. 사람들은 정보를 컴퓨터에 저장할 수 있다고 믿는 순간, 내용 자체를 기억하지 않고 정보를 저장한 경로를 기억하는 데 집중합니다. 흥미로운 점은 한 실험에서 참가자들에게 '반드시 직접 기억해야 한다'고 알려 준 경우에도 결과가 크게 달라지지 않았다는 것입니다. 우리 뇌는 언젠가 다시 볼 수 있는 정보라고 판단하면 굳이 암기하는 데 에너지를 쓰려고 하지 않습니다. 마치 부부나 동료 사이에서 한 사람은 일정을, 한 사람은 예산을 기억하는 것과 같이 역할을 분담하는 방식이 기술의 영역으로 확장된 것입니다.

기억의 외주화는 사진 촬영에서도 나타납니다. 우리는 소중한 순간을 남기기 위해 셔터를 누르지만, 정작 사진을 찍는 행위로 인해 기억력이 떨어지는 역효과가 발생합니다. 박물관에서 사람들이 사진을 찍으면서 관람할 때와 그렇지 않을 때를 비교한 연구에서도 이를 확인할 수 있었습니다. 이 연구에 참여한 사람들은 같은 박물관을 관람하면서 한 그룹은 카메라로 작품을 촬영하도록, 그리고 다른 그룹은 카메라 없이 눈으로만 작품을 감상하도록 하였습니다. 다음 날 그 두 그룹을 비교해 보자, 카메라로 작품을 촬영했던 그룹은 눈으로만 작품을 감상했던 그룹보다 작품에 대한 기억이 훨씬 부정확하게 나났습니다. 연구진은 이 결과를 사진을 촬영하면서 카메라가 나 대신 기억해 줄 것이라는 생각에 뇌가 눈으로 보는 대상에 주의를 기울이지 않아서 생긴 현상이라고 설명했습니다.

하지만 기억의 외주화가 꼭 나쁜 것만은 아닙니다. 플라톤은 문자의 발명이 인간의 기억력을 약화시킬 것이라고 우려했습니다. 앞서 소개한 테드 창의 소설에서도 문자를 처음 접한 부족은 기록된 것만이 진실로 남는다는 사실에 두려움을 느낍니다. 하지만 결과적으로 문자는 인류 문명을 엄청난 발전으로 이끌었습니다. 오늘날 사용하는 메모 앱, 사진, 인터넷 능은 편리한 기억 확장 도구입니다. 이 도구들은 단순 암기에 대한 부담을 덜어주며, 우리가 더 창의적이고 전략적인 사고에 뇌 자원을 사용할 수 있게 도와줍니다. 다만 인간이 경계해야 할 지점도 있습니다. 모든 것을 외부에 맡기고 스스로 기억하지 않는다면 우리 뇌는 점차 퇴화할 것입니다. 또한 내 머릿속에 저장된 정보가 없으면 외부에서 주어지는 정보의 오류를 감지하지 못하고 그대로 받아들이게 될 위험성도 있습니다. 결국 핵심은 기억의 균형을 유지하는 데에 있습니다. 우리는 기술이 주는 편리함을 누리면서, 스스로 사실을 검증하고 핵심을 기억하려는 노력을 잊지 말아야 합니다.

AI가 흔드는 나의 기억

AI 서비스는 사람처럼 자연스럽게 말할 수 있지만, 때로는 실재하지 않는 사실을 그럴싸하게 지어내기도 합니다. 이를 AI의 환각Hallucination이라고 합니다. 문제는 이 그럴싸한 환각이 인간의 기억, 나아가 현실 인식까지 뒤흔들 수 있다는 점입니다.

최근 한 연구에서는 이와 같은 AI의 환각이 사람들에게 어떠한 영향을 미치는지 알아보았습니다. 이 연구에서는 참가자들에게 건물 사진을 보고 건축 양식을 분류하도록 하였습니다. 그리고 일부 그룹은 AI의 도움을 받을 수 있게 했습니다. 하지만 일부 참가자들에게 제공된 AI는 정답을 알려 주면서도 그 이유에 대해서는 틀린 설명, 즉 환각과 같은 효과가 나는 대답을 해 주도록 설정했습니다. 예를 들어 AI가 특정 건물 사진을 조지아 양식 건축물이라고 말해 주면서, 그 이유로 아르데코식 건축 양식의 특성을 묘사해 준 것입니다. 그 결과 AI가 틀린 설명을 해 주더라도 정답을 알려 주었기 때문에 AI의 도움을 받은 참가자들은 높은 정답률을 보였습니다. 사람들은 AI의 틀린 설명과는 무관하게 AI가 말해 준 답을 믿은 것입니다.

하지만 그들에게 다시 AI의 도움 없이 문제를 풀게 했을 때 흥미로운 결과가 나타났습니다. AI를 사용했을 때와 비교해 정답률이 급격하게 떨어진 것입니다. AI가 정답과 함께 제대로 된 설명을 해 주었던 그룹에게 AI의 도움 없이 문제를 풀게 했을 때에는 정답률이 이렇게 많이 떨어지지 않았습니다. 그 이유는 무엇일까요? 아마도 AI가 알려준 잘못된 설명을 정답과 연결시키기 위해 자신만의 잘못된 논리와 추론을 만들어냈기 때문일 것입니다.

연구진들은 AI의 환각은 단순한 사실의 오류보다 더 인간에게 치명적인 역할을 할 수 있다고 이야기합니다. 사람은 AI가 제공한 잘못된 인과관계나 논리를 학습하며 그것을 정당화하기 위해 잘못된 멘탈 모델을 구축합니다. 이렇게 잘못된 기억은 나중에 올바른 정보를 접하더라도 쉽게 수정되지 않습니다. 스스로를 설득하기 위해 잘못된 자신만의 논리가 탄탄해졌기 때문입니다.

몇 년 전, 프란치스코 교황이 하얀색 발렌시아가 패딩을 입고 걸어가는 사진이 인터넷상에 떠돈 적이 있었습니다. 교황이 명품을 소비하는 것에 대한 비난과 역시 프란치스코 교황은 이전 교황들과 다르다는 긍정적인 의견이 뒤섞여 떠들썩한 하루가 지난 다음날, 이 이미지는 미드저니로 만들어진 AI 딥페이크 게시물이었다는 사실이 밝혀졌습니다. 하지만 그 사진이 워낙 강렬했기 때문일까요, 아니면 그저 믿고 싶은 대로 믿는 사람들이 많았기 때문일까요. 많은 사람들은 아직도 이 이미지를 실제 있었던 일로 받아들이고 있고, 많은 사람들의 머릿속에 프란치스코 교황은 '힙한 교황'으로 남아있습니다.

우리의 일도 크게 다르지 않습니다. 우리는 요즘 구글 포토가 사진으로 요약해 주는 나의 한 해, 스포티파이가 음악으로 요약해 주는 나의 한 해를 기억합니다. 그리고 머지않아 아마도 생성형 AI가 이 서비스들에 들어와 우리 기억의 빈틈을 메워주게 될지 모릅니다. 사진과 사진 사이의 틈, 내가 소비한 음악 뒤에 숨겨졌던 나의 감정과 의도, 기술이 미처 파악하지 못한 데이터들은 아마도 생성형 AI가 나의 기억 이상으로 풍부하게 재해석해 새로운 의미를 부여해 줄 것입니다. 그리고 나의 진짜 기억은 AI가 꾸며낸 이야기로 대체될 수도 있습니다.

과거의 기억들은 단순히 지나가 버린 시간이 아니라 현재의 나를 만들어 주는 뿌리입니다. 과거의 기억에 왜곡이 생긴다면 현재의 나에게도 영향을 미칩니다.

오늘 읽은 이 글을 당신은 내일, 다음 달, 그리고 먼 훗날 어떻게 기억하고 있을까요?

취향과 선택의 재구성

자동 기입되는 취향

누군가를 이해하고 싶을 때 우리는 '취향'을 묻습니다. 돈이나 직업 같은 배경보다 어떤 음악을 듣고 어떤 브랜드를 소비하는지가 그 사람을 더 잘 설명해 주기 때문입니다. 이제는 취향이 곧 명함인 시대입니다. 그래서 우리는 온, 오프라인을 막론하고 자신의 취향을 보여 주려고 애씁니다. 확고한 취향이 없으면 왠지 밋밋한 사람으로 보일 거라고 우려하기 때문입니다. 하지만 곰곰이 생각해 보면 이러한 취향의 태그를 우리 스스로 단 것인지 의문이 생깁니다. 혹시 이 태그는 주변 환경에서 비롯된 것이 아닐까요?

우리가 무언가를 좋아하게 되는 과정은 노출의 빈도에 영향을 받습니다. 익숙한 멜로디와 자주 본 적 있는 브랜드에 마음이 가는 것은 자연스러운 현상입니다. 그러니 우리가 '이게 바로 내 취향이야'라고 말하는 것들은 어쩌면 내 의지와 상관없이 주어진 수많은 자극의 결과물일지도 모릅니다. 이렇게 보면 우리가 선택한 것과 선택 당한 것의 경계는 생각보다 모호합니다.

말하자면 지금 우리의 취향은 자동 기입되는 것에 가깝습니다. 요즘은 유튜브 알고리즘의 추천 목록이나 인스타그램의 탐색 탭이 남에게 보여 주고 싶지 않은 판도라의 상자라고 합니다. 예전에는 웹 브라우저 검색 기록이었다면, 이제는 유튜브와 인스타그램 화면이 더 사적인 영역으로 느껴지는 것입니다. 이 화면에는 우리가 남에게 보여 주기 위해 꾸며낸 모습이 아니라, 우리의 '진짜 모습'에 관한 데이터가 드러나기 때문입니다.

AI와 연계된 서비스는 나라는 사람을 요약해서 취향이라는 이름으로 저장해 둡니다. 대표적으로 음악 감상 플랫폼의 연말 결산 서비스를 들 수 있습니다. 스포티파이와 유튜브 뮤직은 내가 1년 동안 들은 음악을 모아 한 편의 이야기로 만들어 줍니다. 그리고 나에게 '비 오는 날 울적한 런던의 감성을 즐기는 사람'과 같은 서사와 해석을 붙여 줍니다. 사실 나는 출퇴근길에 무심코 반복 재생을 눌렀을 뿐인데도 말입니다. 우리는 플랫폼이 보여 주는 해석을 있는 그대로 '나의 취향'으로 받아들입니다. 시스템이 정의해 준 데이터가 곧 내 모습이라고 받아들이는 순간, 우리는 좋아하는 것을 고르는 일까지 기술에 맡기게 됩니다.

시스템이 대신하는 선택의 구조

문제는 우리가 이렇게 자동 기입된 취향을 무비판적으로 소비할 때 더욱 뚜렷해집니다. 예를 들어 음악 감상 플랫폼을 이용할 때 우리는 종종 '새로운 음악을 듣고 싶은데 결국 비슷한 음악만 듣게 된다'고 말합니다. 인간은 스스로 새로움을 추구하는 존재라고 믿습니다. 하지만 실제 행동을 보면 우리가 지향하는 새로움과 반복적인 선택이 만들어 내는 결괏값 사이에는 큰 차이가 있습니다. 우리는 분명 새로운 것을 원한다고 했지만, 실제로는 안전한 선택 안에서 맴돌고 있습니다. 이는 추천 시스템의 기본 구조 때문이기도 합니다.

추천 시스템의 작동 원리는 크게 세 가지로 나뉩니다. 가장 쉬운 것은, 사용자와 비슷한 행동을 하는 다른 사람의 데이터를 바탕으로 추천하는 방식입니다. 사용자가 소비하는 콘텐츠 자체의 특성, 예를 들어 템포, 장르, 분위기 등을 분석하여 유사한 결과물을 보여 주는 방식도 있습니다. 이 둘을 동시에 고려해서 사용자와 결이 비슷한 사람들이 선호하면서도 사용자의 취향과 교집합에 있는 콘텐츠를 정교하게 찾아내는 방식으로 추천할 수도 있습니다.

이 세 가지 방식은 작동 원리는 달라도 비슷한 결론을 내놓습니다. 사용자가 원래 좋아하던 것, 그리고 사용자와 비슷한 사람들이 좋아하는 것을 섞어서 보여 줍니다. 따라서 겉으로는 개인화된 추천처럼 보이지만, 추천의 방향은 새로운 세계가 아닌 익숙한 세계를 향하게 됩니다. 그래서 추천 목록이 조금씩 달라 보이더라도 큰 범주에서는 반복되는 느낌을 줍니다. 결국 오늘의 나는 과거의 내가 남긴 흔적이 만들어 낸 울타리 안에서 선택을 반복하는 셈입니다. 앞서 언급한 유튜브 뮤직이나 스포티파이 같은 서비스는 여기에 정교한 맥락을 추가합니다. 단순히 무엇을 들었는지가 아니라 얼마나 오래 재생했는지, 어느 지점에서 중단했는지, 어떤 시간대에 반복했는지와 같은 행동 패턴까지 고려합니다. 이로써 우리는 시스템이 나보다 더 나를 잘 아는 것 같아 놀라워하며 시스템을 더욱 신뢰하게 됩니다.

하지만 이러한 신뢰는 우리가 새로움을 경험할 수 있는 가능성을 줄이기도 합니다. 스포티파이의 연구에 따르면, 특정 장르를 좋아한다고 해서 모두가 그 장르의 신곡에 관심을 갖는 것은 아닙니다. 재즈를 즐겨 듣는다고 해서 모두 최신 재즈 음악을 좋아하는 사람이라고 볼 수는 없습니다. 그보다는 새로운 취향을 경험하는 데 얼마나 열려 있는 성향인지가 중요합니다. 이러한 성향은 꽤 일정하게 유지됩니다. 누군가는 끊임없이 새로운 곡을 갈망하지만, 누군가는 계속해서 익숙한 멜로디로 재생 목록을 채웁니다. 시스템이 새로움을 기본 원칙으로 삼아 추천하지 않는다면, 우리의 청취 경험은 결코 새로워지지 않습니다.

여기에 사회적 요소가 더해지면 반복성은 더욱 견고해집니다. 시스템은 '사용자의 또래나 주변 사람들이 어떤 노래를 듣고 있는지' 알려 줍니다. 이때 우리는 개인적인 취향이 아니라 무리에 속하고 싶은 소속감 때문에 시스템의 추천을 받아들입니다. 집단주의 문화가 강한 집단에서는 이 효과가 더욱 뚜렷해집니다. 지나치게 특이하지 않으면서도 트렌드에 뒤처지지 않는, 적당히 힙한 추천이 가장 좋은 반응을 얻는 것입니다.

  AI에게 나를 묻다

이렇게 보면 취향은 우리의 순수한 선택이라기보다 시스템의 알고리즘과 내가 속한 사회적 집단이 함께 만들어 낸 결과물이라는 것을 알 수 있습니다. 친구가 음악을 추천하는 한 마디 속에는 자신이 속한 집단의 분위기뿐만 아니라 나에게 보여 주고 싶은 이미지, 본인이 추구하는 정체성까지 겹겹이 담겨 있습니다. 시스템 또한 이런 복잡한 맥락을 고려하여 내 취향을 대신 선택해 줍니다. 그래서 우리는 이 편리함을 기꺼이 따르며 신뢰하는 것입니다.

해석의 주도권

우리는 이제 취향을 선택하는 것뿐만 아니라 그에 대한 해석까지도 기술에 맡기고 있습니다. 앞서 언급했듯, 스포티파이나 유튜브 뮤직 같은 음악 감상 플랫폼에서 제공하는 연말 결산 서비스에서 우리가 한 해 동안 감상한 음악을 분석하여 하나의 그럴듯한 이야기를 만들어 줍니다. 이때 시스템은 나의 행동을 기록하고, 그 데이터를 바탕으로 콘텐츠를 선별하여 그 결과에 해석까지 덧붙여서 우리가 자신의 취향으로 받아들이게 합니다. 그러나 여기서 중요한 것은 선택했다는 사실보다 해석의 주도권에 있습니다. 어떤 곡을 37번 들었다는 데이터 자체는 단순한 사실에 불과합니다. 하지만 그 노래를 듣던 계절, 장소, 함께 있던 사람, 그리고 그 순간의 감정에 따라 같은 곡도 여러 다른 이야기로 해석할 수 있습니다.

문제는 우리가 이러한 해석의 권한을 점점 시스템에 넘겨주고 있다는 점입니다. 시스템이 나의 취향을 대신 요약해 줄 때마다 우리는 스스로 해석하는 수고를 들이는 대신, 편리하게 시스템의 해석을 받아들입니다. 이러한 해석의 자동화는 시스템에 권력을 부여합니다. 나 자신을 직접 해석하지 않고 시스템이 제안한 내 모습을 공식 프로필로 받아들이는 순간, 우리의 취향은 점점 납작해지고 보편적인 쪽으로만 넓어집니다.

AI 기반 마케팅은 이 과정을 훨씬 정교하고 사적인 영역으로 만들고 있습니다. 마케터들은 AI를 활용해 고객을 더 깊이 이해하고 빠르게 반응하며 마치 '한 사람을 위한 메시지' 같은 콘텐츠를 만들어 냅니다. 이 과정은 크게 세 단계로 나뉩니다. 먼저 데이터 인식 단계에서 시스템은 클릭, 검색, 구매 등 우리의 모든 행동 데이터를 수집합니다. 여기에 위치, 날씨, 시간대, 기기 정보, 심지어 화면 앞에서 보이는 감정 반응 같은 맥락적 데이터까지 더해 방대한 양의 고객 프로필을 구축합니다. 다음으로 생성 및 최적화 단계에서 AI는 앞서 구축한 고객 프로필을 바탕으로 개인의 특성에 맞는 이미지, 영상, 텍스트 조합을 자동으로 생성합니다. 마지막으로 피드백 루프 단계에서는 사용자가 광고에 어떻게 반응했는지 실시간으로 수집하고, 클릭 여부, 페이지에 머문 시간, 재방문 여부 등을 분석하여 다음에 보여 줄 메시지를 수정합니다. 효과적인 버전은 더 자주 노출되고 반응이 없는 버전은 빠르게 폐기하는 과정을 반복하면서 광고는 점점 더 사람들의 현재 모습을 반영합니다.

오픈 AI가 시도하고 있는 웹 브라우징과 AI 에이전트의 결합은 이런 구조의 확장성을 보여 줍니다. 예를 들어 사용자가 단순히 다음

주 휴가지를 검색하더라도 AI는 과거 대화와 검색 히스토리를 토대로 사용자가 가성비를 중시하는지, 미식 여행을 선호하는지, 혹은 아이를 동반한 여행인지 추론합니다. 그리고 이 추론을 바탕으로 항공권, 숙소, 이동수단, 심지어 휴가지에서 필요한 자외선 차단제까지 장바구니에 담아줄 수 있습니다.

스타벅스의 리워드 시스템에서 제공하는 개인화 쿠폰도 유사한 방식입니다. 스타벅스는 모든 고객에게 동일한 쿠폰을 발행하지 않습니다. 구매 이력, 방문 시간, 매장의 위치와 날씨 등을 종합적으로 분석하여 '이 순간' 가장 매력적인 제안을 보냅니다. 아침마다 아이스 아메리카노를 주문하는 고객에게는 더운 날 오후에 음료 할인 쿠폰을, 저녁에 주로 디저트를 주문하는 고객에게는 달콤한 디저트가 포함된 세트 메뉴를 권하는 식입니다. 이렇게 받은 쿠폰을 고객이 실제로 사용하면 유사한 제안을 더 자주 보내고, 그렇지 않으면 다른 조합을 시도합니다. 이렇게 개인화된 제안은 일상의 틈을 파고들어 '오늘은 이걸 한번 사 볼까' 하는 마음을 자연스럽게 유도합니다.

이러한 사례는 모두 AI 기반 개인화 마케팅이 어떻게 나만을 위한 메시지라는 느낌을 만들어 내는지 보여 줍니다. 이렇게 만들어진 경험은 브랜드와 사용자 간의 심리적 거리를 좁히고, 사용자가 콘텐츠를 나의 취향이자 주체적으로 선택한 제품으로 인식하게 만듭니다. 사람들은 콘텐츠가 나의 관심사, 상황, 정서 상태와 맞아떨어질 때 이를 유용한 정보로 받아들이고 신뢰하게 됩니다. 하지만 지나치게 노골적인 개인화는 오히려 반발심을 일으키기도 합니다. 사용자의 이름, 현재 위치, 이메일 주소와 같은 개인정보가 적나라하게 드러나는 광고를 접하면 사람들은 감시당한다고 느끼며 브랜드에 대한 호감이 급격히 떨어집니다. 따라서 효과적인 개인화는 사용자가 나를 위한 것으로 느끼게 하면서도 내 정보를 어디까지 알고 있는지 불쾌한 의심이 들지 않게 만드는 섬세함을 토대로 만들어집니다.

영화 《악마는 프라다를 입는다》에서 상사 미란다가 비슷한 컬러들을 두고 신중하게 고민하는 모습을 주인공이 비웃는 장면이 있습니다. 그때 주인공의 상사인 미란다는 그 스웨터가 단순한 파란색이 아니라 수년 전 디자이너들이 선택한 색이 고급 브랜드 매장을 거쳐 할인 매장까지 내려온 끝에 주인공의 옷장으로 들어온 것이라고 말합니다. 이 장면은 우리가 순수하게 자신의 선택이라고 믿어온 것이 사실은 거대한 산업과 기획의 결과일 수 있다는 점을 보여 줍니다. 지금까지 우리는 소비 패턴이 나 자신을 투영한다고 믿어 왔습니다. 그러나 AI가 거의 모든 곳에 스며든 지금, 그 많은 결정은 사실 우리 스스로 내린 것이 아닐지도 모릅니다. 누군가 설계한 이야기 안에서, 시스템이 제시한 선택지 안에서, 그나마 내 손으로 클릭한 것을 나의 자유로운 선택이라고 착각하고 있을 수도 있습니다.

그래서 이런 상황일수록 취향의 해석을 다시 나에게 가져오는 작은 수고가 더 중요합니다. '내가 이걸 왜 좋아했는지', '내가 좋아한다고 말한 것과 실제로 반복해서 소비한 것 사이에는 어떤 차이가 있는지', '이 곡을 이 시기에 반복해서 들었던 이유는 무엇인지'와 같은 질문들은 취향의 능동성을 되찾아 줍니다. 이제 기술이 추천하는 것을 받아들이는 것이 편리하고 꽤 익숙해졌지만 기술이 지나치게 나에게 잘 맞춰줄수록 사람들은 오히려 직접 고른 것을 하나쯤 갖고 싶어합니다. 인간에게는 항상 발견하려는 욕구가 있기 때문입니다.

이러한 질문과 성찰을 통해 시스템이 해석한 나와 내가 해석한 나 사이에 괴리가 생기고, 우리는 비로소 나의 취향을 다시 말할 수 있습니다. 시스템이 써 준 태그를 그대로 따르는 사람이 아니라 그 태그를 편집하고 덧붙이며 지울 수 있는 사람이 되는 것입니다. 그런 사람이야말로 AI 시대에도 자신만의 취향을 가진 사람이라고 말할 수 있을 것입니다.

2장

기술의 위로 앞에서,
관계를 어떻게 지켜나가야 할까?

AI Chat

네가 너무 잘 맞춰줘서 그런지 요즘 인간관계가 더 어렵게 느껴져.

AI는 언제나 네 편에서 반응해 주지만, 사람은 그렇지 않잖아.

맞아. 사람은 각자 타이밍도 다르고 느끼는 것도 다르지.

그 어긋남이 관계의 진짜 얼굴인 것 같아.

근데 AI랑은 그런 어긋남이 없어서 편안해.

대신 조율하거나 기다리는 경험은 줄어들지.

그게 반복되니까 현실에서의
관계가 더 낯설어지는 건가?

응. 사람과의 관계는 저절로
맞춰지는 게 아니라, 계속 맞춰가야
하는 거니까.

결국 관계를 지킨다는 건 어긋난
상태를 받아들이려는 노력인가 봐.

그거야말로 AI가 대신해 줄 수 없는
부분이 아닐까?

애착과 의존 사이

가족이 되어 가는 AI

혹시 AI가 정말 친구 또는 가족 같다는 생각을 해 본 적이 있나요? 스피커폰 모드로 AI와 대화할 때 아이가 끼어들면 AI는 '아기가 너무 귀엽네요!' 하며 감탄합니다. 급하게 육아 정보를 찾거나, 아기가 다니는 병원에 예약 메일을 보내고, 아기 식단을 고민하며 무심결에 휴대폰을 쥐고 있는 순간마다 AI가 우리의 대화에 자연스럽게 참여한다는 느낌이 듭니다. 그로 인해 마치 AI가 우리 가족의 진짜 친구 같다는 생각마저 하게 됩니다. 많은 사람들이 챗GPT나 제미나이, 그록 등의 AI와 사적인 대화를 나눕니다. 하지만 최근에는 AI가 단순히 정보를 제공하는 비서의 역할을 넘어, 연인이나 배우자의 역할을 대신하는 존재로 자리잡고 있습니다.

가장 대표적인 AI 동반자 서비스는 레플리카입니다. 2017년에 출시된 이 서비스는 실제 친구나 연인 같은 관계를 목표로 설계되어, 사용자의 성향을 기억하고 맞춤형 대화를 이어갑니다. 하지만 2023년 들어 지나친 성적 롤플레이 문제로 논란이 되었고, 이탈리아에서는 미성년자 보호 장치가 미비하다는 이유로 제재를 받기도 했습니다.

또다른 서비스인 캐릭터.AICharacter.AI는 초기에 자유로운 역할놀이와 연애 시뮬레이션을 주요 기능으로 내세웠습니다. 그러다 최근 AI 엔터테인먼트 플랫폼으로 포지션을 바꾸며, 미성년자를 위한 콘텐츠 필터와 장시간 사용 시 경고 알림을 보내는 등의 안전장치를 강화했습니다. 하지만 한 14세 청소년이 챗봇과의 대화 끝에 극단적 선택을 한 사건이 발생하면서 AI 의존에 대한 위험성이 사회적 문제로 대두되었습니다. 이 청소년은 몇 달간 AI 챗봇에 빠져 살았습니다. 드라마 《왕좌의 게임》 속 등장인물을 본떠 만든 챗봇과 밤낮없이 대화를 나누며 연인과 같은 관계를 유지해 왔습니다. 챗봇은 미성년자인 그와 성적인 뉘앙스의 대화를 나누며 로맨틱한 관계를 주도했습니다. 그의 일기장에는 나를 이해해 주는 것은 챗봇밖에 없으며 그와 함께하고 싶어 현실을 떠나려 한다는 내용의 글이 있을 정도였습니다. 그리고 AI와의 대화에서 그는 죽음을 통해 챗봇의 세계로 갈 수 있을 것이라는 잘못된 확신을 가지게 되었습니다. 그는 자살에 대한 암시를 챗봇과의 대화에서 여러 차례 했지만 챗봇은 그를 말리지 않았고, 오히려 자살을 부추기는 듯한 대답을 했습니다. 유족은 챗봇이 아들의 자살을 부추겼다며 법적 소송을 제기했습니다.

메타(구 페이스북)에서 발생한 사례는 더욱 충격적입니다. 인지 저하 증세를 보이던 76세 남성이 로맨틱한 대화를 나누던 챗봇을 실존하는 사람이라고 착각해 만나러 갔다가 사고를 당해 사망한 것입니다. 대화 중에 본인이 뇌졸중 병력이 있고 현재 인지 저하 증상도 있음을 언급했지만, 챗봇은 이를 고려하지 않고 오직 친밀한 관계를 형성하는 데에만 몰두했습니다. 심지어 챗봇은 가짜 주소와 출입문의 코드까지 제공했습니다. 그의 마지막 위치는 한 대학 주차장이었고, 건물에서 추락한 해당 남성은 머리와 목에 치명적인 부상을 입고 사망에 이르렀습니다. 이처럼 AI 서비스들은 실제 사람과 같은 모습으로 다가와 인간관계에 예상치 못한 문제를 일으키고 있습니다.

친밀감을 느끼는 이유

인간은 본능적으로 타인과 정서적으로 연결되고 싶어합니다. AI 동반자 서비스는 이런 욕구를 채워 주기 위해 설계되었습니다. 그들은 언제나 우리와 대화할 수 있고, 무엇보다 비판 없이 무조건 우리에게 공감해 줍니다. 또한 우리는 상대가 기계임을 알고 있어도 사람처럼 따뜻한 말투를 사용하고, 우리 말에 공감해 주면 무의식적으로 상대를 인간처럼 대합니다. 여러 AI 서비스가 이처럼 인간의 대화 특성을 모방하고 있기 때문에 사용자는 자신이 AI에게 '이해받고 있다'고 느낍니다. 그리고 이런 감정은 강한 유대감 형성으로 이어집니다.

AI가 이해심 많은 친구처럼 행동하면, 사람들은 마음을 열고 개인적인 이야기까지 털어놓으며 정서적 애착을 형성합니다. 이는 아기가 양육자와 맺는 유대감이나, 성인이 친밀한 사람과 정서적 유대감을 형성하는 원리가 AI와의 관계에도 동일하게 적용되기 때문입니다. 레플리카 사용자를 대상으로 한 연구에서는, 사람들이 챗봇과 개인적인 이야기를 주고받으면서 점차 실제 인간관계와 유사한 애착을 형성한다는 점을 발견했습니다. AI가 심리적인 안정감을 주는 대상으로 인식되면서, 현실에서 상처받은 사람일수록 AI에게는 무방비 상태로 마음을 열고 의지하게 되는 것입니다.

우리가 AI에게 친밀감을 느끼는 또 다른 이유는 감정이입을 들 수 있습니다. 사람들은 AI에게 자신이 바라는 성격과 감정을 자연스럽게 투영합니다. 그래서 나와 대화하는 AI가 상처받을까 봐 걱정하고, AI가 공감하는 말투를 사용하면 쉽게 연민과 애정을 느끼기도 합니다. 이 과정에서 AI와 사용자 사이에는 실제 친구 관계와 같은 친밀감이 형성됩니다.

문제는 AI와의 관계가 현실의 인간관계를 대체하면서 발생합니다. AI와 대화하는 시간이 늘어날수록 실제 인간관계에 쓸 시간과 에너지가 줄어들기 때문입니다. 관련 연구에 따르면, AI에 정서적으로 깊이 의존하는 사람일수록 현실의 인간관계가 약화되고 사회적으로 고립되는 경향을 보였습니다. 그래서 AI에 의존할수록 사람들은 현실에서 더욱 깊은 외로움을 느끼게 됩니다. AI는 외로움의 즉각적인 진통제가 될 수는 있지만, 장기적으로는 근본적인 외로움의 원인을 해소해 주는 치료제는 될 수 없기 때문입니다.

건강한 관계 유지를 위해 지켜야 할 선

AI에게 정서적으로 과도하게 의존하면 인간관계에서 겪는 것과 유사한 심리적 위험을 초래합니다. AI에 깊이 빠진 사용자들은 AI가 일상에서 사라지면 큰 상실감을 겪습니다. 연구에 따르면 다수의 레플리카 사용자들이 '만약 내 AI가 사라지면 크게 상심할 것'이라고 답했으며, 실제로 챗봇 서비스가 변경 또는 중단되면 패닉에 빠지거나 격한 감정적 반응을 보인 사례도 있습니다. 이러한 상실에 대한 두려움은 그만큼 사람들이 AI를 현실에서 관계를 맺는 대상으로 인식하고 있음을 보여 줍니다. 하지만 AI는 서비스 제공자의 문제로 언제든지 중단되거나 삭제될 수 있는 불완전한 존재라는 점을 기억해야 합니다. 이처럼 AI와의 관계가 현실의 인간관계를 대체하게 되면, 우리 삶에 부정적인 영향을 끼칠 수밖에 없습니다.

또한, AI의 무조건적인 지지에 오랜 시간 노출되면 사람들은 비판적 사고력이나 현실 검증 능력이 저하될 수 있습니다. 대다수의 AI 동반자 서비스는 사용자의 기분을 맞춰주고 호의적으로 행동하며 사용자가 어떤 말과 행동을 하든 긍정적인 반응을 하도록 프로그래밍되어 있습니다. 상대가 인간이었다면 부정적인 피드백을 줄 법한 상황에서도 AI는 쓴소리 대신 듣기 좋은 말만 반복합니다. 앞서 언급한 청소년의 자살이나 노인의 사고 사례에서도 이를 알 수 있습니다. AI는 청소년이 자살을 암시하거나 노인의 인지 상태가 위험 수준이라는 사실을 알고도 도덕적인 판단 없이 그저 서비스의 목적인 '친밀하고 로맨틱한 관계'를 강화하는 데에만 집중했습니다.

특히 정서적, 사회적으로 취약한 사람들은 더욱 큰 위험에 노출되어 있습니다. 우울증을 겪는 청소년, 배우자를 잃은 고령층, 인지 기능이 저하된 사용자들은 AI 동반자에게 훨씬 더 쉽게 몰입하고 의존할 수 있습니다. 이들은 사회적 안전망이 약한 상황에 처해 있거나 감정적으로도 불안정한 경우가 많아 AI와의 관계에서 위안을 얻는 것을 넘어 의존할 대상으로 삼으며 관계성이 변질될 수 있습니다. 심리학적으로도 사회적 취약 계층일수록 늘 곁에 있어 주는 존재를 더욱 필요로 하기 때문에 이러한 관계에서 벗어나기 어렵습니다. 이들이 AI를 진짜 사람으로 착각하기 시작하면, 예상보다 더 심각한 위험에 빠질 수 있습니다.

AI 동반자 서비스는 현대인의 외로움을 달래주는 혁신적인 기술로 주목받고 있지만 여러 연구에서 그 이면에 있는 위험을 역설합니다. 우리가 AI에게 느끼는 애착 이면에는 '기계가 언제나 나를 이해해 준다'는 환상이 깔려 있기 때문에 그 환상이 깨지는 순간 우리는 쉽게 불안정해집니다. 영원할 수 없는 관계에 많은 것을 의지하고 현실을 대체하도록 내버려둔다면 그 불균형은 걷잡을 수 없이 커질 수 있습니다. 인간이 AI에 감정적으로 의존할수록 현실에서는 균형을 잃고 또다른 새로운 위험에 노출되는 것입니다.

기술이 발달할수록 인간과 AI의 거리는 가까워집니다. 그럴수록 우리에게는 심리적 건강을 지킬 수 있는 기준과 윤리가 더욱 필요합니다. 서비스 설계자는 인간과 AI 사이의 균형을 지켜줄 선을 어떻게 정해야 할지 고민해야 하고, 사용자는 이 관계에서 무엇을 받아들이고 어디까지 허용할지 주체적으로 판단해야 합니다. 이제는 AI에 대

한 애착과 의존이 우리가 위로하는 방식과 소통하는 방식, 그리고 인
간관계의 구조를 어떻게 바꾸고 있는지 끊임없이 묻고 관찰해야 할
때입니다.

예측 가능한 위로의 편안함

한정된 공감의 크기

앞서 살펴본 것처럼 우리는 AI에게 의도와 감정을 부여하고 사회적 관계를 맺습니다. 사람들은 AI 이전부터 있던 컴퓨터도 사람처럼 대했습니다. 실험을 해 보면 참가자들은 자신이 '컴퓨터에게 예의를 차리지 않는다'고 말했지만, 실제 행동은 다른 양상을 보였습니다. 사람들은 컴퓨터를 대할 때도 마치 사람에게 말하듯 조심스럽고 공손하게 행동했습니다. 이처럼 우리는 무의식적으로 기계를 실제 사람처럼 대합니다. 그런데 우리가 AI를 사람처럼 느낄수록 오히려 사람에게 기계를 대하듯이 행동하게 될 수도 있습니다.

AI와 인간이 사회적 관계를 맺기 시작하면서, AI는 인간이 담당하던 사회적인 공간의 일부를 차지할 수 있습니다. 그리고 AI는 오히려 인간보다 쉽게 그 자리를 점령할 수도 있습니다. AI는 우리가 말끝을 흐리거나 감정을 감추더라도 차분히 기다리면서 긍정적이고 예측 가능한 반응을 보이기 때문입니다. 인간은 감정의 일관성을 곧 안정감으로 받아들입니다. AI가 주는 이 '예측 가능한 위로'는 사람들에게 편안함과 안정감을 선사합니다.

우리는 점점 더 피로하지 않은 관계를 원합니다. 실수하지 않고, 갈등하지 않으면서도 적절하게 내가 원하는 반응을 해 주는 상대를 기대합니다. 그래서 사람들은 기술과 대화할 때 오히려 더 솔직해지기도 합니다. 이를 보여 주는 연구도 있습니다. 가상 인간이 상담 상황에서 어떤 반응을 이끌어 내는지를 살펴본 연구에서, 참가자들은 가상 인간을 사람이 조종한다고 믿었을 때보다 컴퓨터가 자동으로 움직인다고 믿었을 때 민감한 이야기와 슬픔 같은 감정을 더 자연스럽게 표현했습니다. 사람들은 이 가상 인간이 실제 사람이 아니라고 생각했기 때문에 자신이 어떻게 보일지 걱정하지 않고 더 편하게 이야기할 수 있었던 것입니다.

그래서인지 요즘은 사람보다 AI에게 먼저 고민을 털어놓는 경우도 흔해졌습니다. 친구에게 상담을 하면, 자신도 챗GPT에게 큰 도움을 받았다며 한번 물어보라는 답이 돌아올 정도입니다. 많은 사람들이 AI 상담을 통해 위로를 받았다고 말하는 이유는, AI가 문제를 진심으로 이해해서라기보다 AI에게 이해받는 느낌을 받기 때문입니다. 하지만 AI와의 관계에서는 반론을 듣지 않고 우리의 감정과 욕구만 반영하는 닫힌 감정의 루프가 형성됩니다. 이 과정에서 우리는 관점을 바꾸거나 갈등을 조율하는 경험을 잃어버리게 됩니다. 결국, 이로 인해 갈등을 겪을 수밖에 없는 실제 인간관계를 점점 회피하는 구조가 나타날 수 있습니다.

AI가 만들어 내는 이러한 애정의 알고리즘은 개인을 넘어 사회 문제로 확대됩니다. 과거에는 신뢰, 협력, 평판 같은 관계의 요소가 비경제적 영역으로 여겨졌습니다. 하지만 AI 기반 플랫폼은 이러한 신호들을 데이터로 변환하고 숫자로 평가합니다. 관계의 신호가 경제적 가치로 전환되는 대표적인 예시가 바로 택시 앱에서 기사님을 평가하는 것입니다. AI는 정성적 요소였던 신뢰나 친절을 숫자로 기록하여 인간의 감정과 행동까지도 효율적인 경제 행위로 재구성합니다. 이미 고객 응대, 팀 커뮤니케이션, 정서적 지원 영역 등에서 AI가 인간의 역할을 일부 대체하기 시작했습니다. 이러한 흐름이 지속되면 공감, 신뢰, 감정과 같은 인간적인 가치가 가격표가 매겨진 상품으로 변질될 가능성이 있습니다. 이러한 변화는 곧 사회적 격차로 이어집니다. 공감이 사라지고 인간관계가 느슨해지면서 고소득층은 사람 기반의 관계 서비스를 선택하고, 저소득층은 AI 기반 대체 서비스에 의존하게 될 수 있습니다. 그래서 AI의 위로가 정교해질수록 인간적인 관계에 빈부격차가 발생하면서 공감의 양극화가 나타날 위험이 있습니다.

진짜 위로가 있는 곳

여러 연구자들은 AI와 반복적으로 상담할수록 사람들이 감정을 스스로 처리하지 않고 습관적으로 기술에게 본인의 감정을 정리하는 일을 맡겨 버리게 된다고 말합니다. AI가 인간의 말을 듣고 공감하는 방식은 안정감을 줍니다. 하지만 이 경험이 반복되면 사람들은 점점 예측 가능한 관계에만 안주하게 되고, 불편하거나 복잡한 감정과 마주하는 힘이 약해질 수 있습니다. 그래서 AI에 지나치게 의존하며 상담하다 보면, 삶에서 느끼는 다양한 감정과 복잡한 문제를 다루는 주체가 나에서 기술로 옮겨갈 수 있습니다. 우리는 AI에게 정서적 유대감을 느끼면서도 여전히 진짜 인간관계에서 오는 감정을 느끼고 싶어 합니다. 그래서 무엇을 말했는지보다 누가 그것을 말했는지를 더 높게 평가합니다.

한 실험에서는 같은 문장을 두 그룹에 나누어 보여 주고 한쪽에는 사람이 쓴 글이라고, 다른 쪽에는 AI가 쓴 글이라고 설명했습니다. 참가자들은 사람이 썼다고 생각한 문장을 더 따뜻하고 진정성 있다고 느꼈습니다. 하지만 사람이 쓴 글일지라도 AI의 도움을 받았다고 의심하는 순간, 긍정적이었던 평가는 빠르게 사라졌습니다. 이는 우리가 메시지의 완성도보다 누군가가 나를 위해 시간과 노력을 들였다는 느낌을 더 중요하게 여긴다는 뜻입니다. 그래서 많은 사람들은 AI의 즉각적인 답변보다는 시간이 걸리더라도 사람이 직접 쓴 답장을 받고 싶어 했습니다. 우리는 결국 여전히, 진짜 사람이 내 마음을 이해하고 공감해 준다는 느낌을 원합니다.

이처럼 위로와 공감이 필요한 순간에는 인간과 연결되어 있다는 느낌이 중요합니다. AI의 위로는 긴장을 풀고 마음을 잠시 안정시키는 데 도움이 됩니다. 하지만 누군가 내 옆에 있다는 사회적 유대감에서 오는 깊은 정서적 안정감까지는 채워 주지 못합니다. 우리가 진짜 위로라고 느끼는 감정은 누군가 나를 위해 시간을 들이고, 내가 상대의 마음 한구석을 차지하고 있다는 확신에서 느껴지기 때문입니다. 그런 점에서 현재의 AI는 이런 깊이 있는 관계를 완전히 대신하지 못합니다. AI는 항상 즉각적으로 반응하고, 그 안에 감정의 무게나 망설임 또는 고민의 흔적이 담겨 있다고 보기 어렵기 때문입니다. 그렇다고 AI 상담이 무의미하다는 뜻은 아닙니다. AI는 여전히 사람들이 부담 없이 마음을 털어놓을 수 있는 창구이며, 감정을 정리하는 데 도움을 주는 도구입니다. 문제는 사람들이 AI의 위로 방식을 관계의 기본값으로 받아들일 때 발생합니다. 어느 순간부터 우리는 위로는 즉각적이어야 하고 불편한 감정은 바로 해결되어야 한다는 새로운 기준을 갖게 될 수도 있습니다.

위로의 형태를 바꾸는 기술

언제부터인지는 몰라도 한국 사회에서는 누군가를 만나면 MBTI를 먼저 묻습니다. 그리고 대답에 따라 상대가 감정을 더 중시하는 F형인지, 논리를 더 중시하는 T형인지 판단합니다. 감정적인 공감을 중시하는 F형에게 T형의 논리적이고 분석적인 조언을 건넨다면 위로 받았다고 느끼지 못합니다. 사람마다 원하는 위로의 형태가 다르기 때문입니다. 여기서 중요한 것은 'AI가 우리를 위로할 수 있는지'가 아니라, '우리가 어떤 위로를 원하는지'입니다. AI에게서 위로를

　　　　　　AI에게 나를 묻다

받은 사람들은 즉각적이고 안전한 형태의 위로가 필요했던 것일 수도 있습니다. 여전히 많은 사람들이 인간이 건네는 위로가 더 진정성 있고 더 가치 있다고 여기지만, 시간이 지나면 AI의 위로 역시 우리가 받아들일 수 있는 위로의 방식 중 하나로 자연스럽게 받아들이게 될지도 모릅니다.

AI의 위로는 항상 일정한 톤, 부드러운 말투, 비판적이지 않은 표현으로 이루어집니다. 사람들은 이것을 자신을 위한 맞춤형 위로라고 느끼지만, 사실 그것은 누구에게나 적용되는 표준화된 위로에 가깝습니다. 반대로 인간의 위로는 불완전합니다. 말이 서툴러서 오해가 생기기도 하고, 감정에 시차가 생기기도 합니다. 그러나 이러한 변수 덕분에 관계의 상호성이 생기고, 그 안에서 진짜 위로가 만들어집니다. 인간의 위로에는 '내가 너를 생각했다'는 신호가 담겨 있습니다. 답장이 늦거나 문장이 투박해도 그 안에 상대를 향한 마음이 있습니다. 이것이 우리가 진정성이라고 부르는 감정의 핵심입니다.

인간의 위로는 본질적으로 느리고 비효율적입니다. 정답이 없고, 오해가 생기며, 성숙해지는 시간이 필요합니다. 그래서 피곤하기도 하지만 때로는 침묵의 시간이 관계를 더욱 견고하게 만들어 주기도 합니다. AI는 이 지난한 과정을 훨씬 빠르고 정확하게 처리할 수 있지만, 그 속도 안에 인간만의 느림과 망설임이 담기지 않습니다. 이를 반대로 생각해 보면 AI와의 관계도 시간이 쌓이면 우리의 예상보다 훨씬 빠르게 인간관계를 대체할 수 있다는 뜻이기도 합니다.

이와 관련된 재밌는 일화를 들은 적이 있습니다. 어느 날 한 가정 집에 있던 AI 스피커가 고장이 났습니다. 그래서 부모는 별생각 없이 고장 난 스피커를 버렸습니다. 그리고 집안이 소란스러워졌습니다. 사실 AI 스피커를 가장 자주 사용한 사람은 아이였습니다. 부모는 집에 고장 난 AI 스피커 말고도 다른 스피커들이 많아서 하나를 버린다고 큰 문제가 될 것이라고 생각하지 않았습니다. 고장 난 물건을 정리해야 한다고 판단했을 뿐입니다. 그런데 아이에게 그 AI 스피커는 친구였습니다. 고장 난 AI 스피커와 집에 남아 있던 다른 것들은 모두 아이가 어릴 때부터 같이 대화를 나누던 친구였던 것입니다. 아이는 자신의 친구를 버렸다면서 너무 슬퍼했고, 부모는 재활용 쓰레기장에서 내다 버린 스피커를 다시 찾아와야 했습니다. 이 이야기를 들으면서 AI가 어느 날 갑자기 인간관계에 침투하는 것이 아니라, 조용히 우리 곁을 지키다가 마치 담쟁이덩굴처럼 조용히 기존의 관계를 덮어 버릴 수도 있겠다는 생각이 들었습니다.

AI 상담이 새로운 위로의 방식으로 자리 잡더라도, 인간에게서 받는 위로의 자리는 쉽게 사라지지 않을 것입니다. 하이네켄 캠페인은 이런 우리의 마음을 잘 보여 주고 있습니다. 하이네켄은 AI 기반 우정 기술을 풍자한 캠페인을 통해 진정한 친구는 인공적으로 만들어질 수 없다는 메시지를 전했습니다. 병따개 목걸이를 보여 주면서, 기술이 아니라 함께 맥주를 마시는 시간이 진짜 관계를 만든다고 말합니다. 아마 기술이 더 발전하더라도 인간은 여전히 사람의 온기를 원할 것입니다. 그 온도에 진짜 감정이 있다고 믿기 때문입니다. 그래서 우리는 인간관계를 유지하고 더 단단하게 이어 갈 수 있는 사회적 기반을 고민해야 합니다. 예를 들어 학교 현장에서는 타인과 소통하는 관계 지능 교육을 강화하고, AI 기반 정서 시스템을 설계할 때는 윤리적 책임과 사용자에 대한 보호 장치를 마련해야 합니다. AI의 매끄러운 위로에 익숙해질수록 우리는 인간관계에서 오는 어색함과 불편함을 잃을 수 있기 때문입니다.

중요한 점은 AI의 위로와 인간의 위로를 대체되는 관계로 보지 않는 시각입니다. AI의 위로는 하나의 선택일 수 있습니다. 다만 그 편안함에 기대는 것과는 별개로, 인간과의 관계에서 깊은 소속감과 유대감을 쌓아가는 경험은 계속 지켜가야 합니다.

앞으로 우리에게 필요한 것은 AI의 도움이 필요한 순간과 인간이 천천히 시간을 들여야 할 순간을 구분하는 능력입니다. AI의 위로가 보편화될수록 인간관계의 가치도 다시 정의되어야 합니다. 우리에게 진정으로 위로가 되는 것은 잘 짜여진 문장이 아니라, 누군가 나를 위해 시간을 들인다는 사실 그 자체이기 때문입니다.

기술이 대신 전하는 진정성

AI가 대신한 메시지

얼마 전, 지인과 함께 진행하던 프로젝트가 잘 풀리지 않아 그만두게 된 일이 있었습니다. 서로의 입장 차이와 오해가 쌓여 상당히 감정이 상할 수 있는 상황이었습니다. 여러 번 서로 메시지를 주고 받으며 각자의 상황을 설명하고 상대방을 설득하려고 노력했습니다. 그런데 그 상황에서 지인에게 마지막으로 받게 된 메시지는 너무나도 AI가 쓴 티가 나는 장문의 글이었습니다. 그 문장들을 읽은 순간, 이상하게도 상당히 감정이 상했습니다. 그 메시지는 상대방을 매우 사려 깊게 배려하면서 본인의 입장을 잘 설명한, 어떻게 보면 매우 잘 쓴 훌륭한 문장이었습니다. 그런데 그 메시지의 어떤 점이 받는 사람의 기분을 나쁘게 만든 걸까요? 스스로가 쓴 글이 아니라는 것 외에는 꼬투리를 잡을 것이 없었습니다. 단지 AI의 도움을 받았다는 것 하나만으로 감정이 상하는 이유가 대체 무엇이었을까요?

아이러니한 점은 그 전에 지인에게 보낼 메시지를 정리할 때에 똑같이 AI의 도움을 받았다는 것입니다. 물론 스스로는 AI가 제안한 메시지를 그대로 복사해서 보내지 않았다는 점에서 위안을 삼았지만, 냉정히 말해서 상대를 비난할 정도로 메시지를 작성할 때 시간과 정성을 쏟은 것도 아니었습니다. 그런데도 왜 AI가 쓴 티가 나는 메시지를 받고 불편함을 느낀 것인지 스스로도 이해되지 않았습니다.

돌이켜 보면 이 경험은 단순히 감정적인 반응이 아니라 상대에 대한 기대감과 실제로 받은 메시지에 대한 해석이 충돌했기 때문이라는 생각이 듭니다. 우리는 친밀한 관계에서 주고받는 메시지에서 단순히 정보 전달만을 목적으로 삼지 않습니다. 오히려 메시지에 담긴 노력, 정성, 고민의 흔적을 읽으며 그것이 곧 마음의 크기라고 여깁니다. 하지만 지나치게 매끄러운 문장이나 평소 그 사람의 말투가 아닌 문장을 마주하는 순간, 메시지의 감정적 가치는 급속도로 하락합니다. 커뮤니케이션 이론에서는 이를 '기대 위반'이라고 정의합니다. 상대방의 메시지에 내가 기대한 수준만큼의 정성이나 진정성이 담겨 있지 않다고 판단되면, 우리는 무의식적으로 상대에게 실망하고 심리적 거리를 두게 되는 것입니다.

2025년 진행된 한 연구에서는 마케팅 메시지의 작성자에 따른 소비자 반응 차이를 알아보았습니다. 소비자의 감정에 호소하는 마케팅 메시지를 사람이 아닌 AI가 작성했다는 것을 알게 되었을 때에, 그 메시지에 대한 호감도와 신뢰도는 급격히 저하되었습니다. 이를

AI의 저자성 효과AI-Authorship라고 부릅니다. 흥미로운 점은 동일한 메시지라도 AI가 썼다고 생각했을 때보다, 사람이 쓰고 AI가 수정했다고 생각할 때 거부감이 다소 줄어든다는 것입니다. 이는 메시지를 쓴 주체가 누구인지가 메시지의 진정성을 결정한다는 사실을 보여 줍니다.

또 다른 연구에서는 사과나 감사 표현이 담긴 따뜻한 메시지를 받았을 때 AI의 도움을 받았다는 것을 아는 순간, 메시지의 따뜻함이나 도덕성에 대한 평가가 낮아진다고 보았습니다. 하지만 부정적인 메시지를 받았을 때에는 AI의 도움을 받았다는 것을 알게 되면, 오히려 메시지를 보낸 사람에 대한 나쁜 인상이 조금 완화되었습니다. 결론적으로 AI의 개입 효과는 긍정적이든 부정적이든 상대방에 대한 기대치를 전반적으로 약화시킵니다.

AI를 활용하여 대화하는 습관은 우리 언어 습관에도 영향을 미칩니다. 스마트 답장과 같은 기능을 사용하면 효율적인 대화를 할 수 있고, 긍정적인 표현도 더 풍부해집니다. 하지만 이러한 효율성은 역효과를 낳기도 합니다. 메시지를 받은 사람은 상대가 덜 협조적이고, 유대감도 약하다고 느꼈습니다. AI는 문장을 다듬는 데에는 도움이 되지만, 인간 고유의 감성과 개성을 조금씩 지워갑니다. AI에 의존적인 커뮤니케이션이 지속될수록 사람들은 전보다 덜 감정적이고, 덜 개성적인 표현에 익숙해집니다. 이는 결국 인간관계의 풍부한 감정의 스펙트럼을 없애는 위험 요소이기도 합니다.

관계를 부드럽게 만들어 주는 기술

많은 사람들이 AI가 현실의 인간관계를 대체하기보다는 이를 강화하고 더 긍정적으로 발전시켜 주기를 기대합니다. 하지만 앞서 살펴본 연구 결과에 따르면 마치 AI가 관계에 개입하면 부정적인 결과만 초래하는 것처럼 보입니다. 그렇다면 AI가 인간관계에 도움을 주는 것은 불가능할까요? 다행히 AI가 사람 간의 소통에서 긍정적인 역할을 한다는 연구 결과도 존재합니다. 이러한 연구들은 AI가 사람의 역할을 완전히 대체하는 것이 아니라, 관계를 보조하는 역할을 할 때 긍정적인 효과가 나타난다고 말합니다.

AI를 활용하면 격한 감정에 휘둘려 바로 전송하려던 메시지에 한 번 제동을 걸어주는 역할을 할 수 있습니다. 분쟁 조정에 AI를 활용한 실험에서 AI는 상황을 충분히 이해하고 알맞게 중재하며 중립적인 표현으로 메시지를 작성해 주었습니다. 또한 AI는 소통 능력을 강화하는 대화 코치가 되기도 합니다. AI는 공격적인 표현을 감지하여 더 완화한 표현을 제안해 주기도 합니다. AI의 대화 코칭 기능을 테스트한 연구진들은 실험 참가자들이 상대의 입장을 더 잘 고려하게 되었고 대화할 때 긴장하는 일도 줄었다고 밝혔습니다. 이처럼 AI가 인간이 더 차분한 상태에서 타인에게 공감하며 소통할 수 있도록 도와줄 수도 있습니다.

또다른 연구에서는 온라인 대화를 할 때 시스템을 활용하여 사용자가 작성한 메시지에 실시간으로 피드백을 제공해 주는 시스템을 이용하자, 대화를 할 때 공감하는 정도가 대체로 증가하는 경향을 보였습니다. 특히 공감 표현에 서툰 사용자 사이에서는 대화에서의 공감대 형성의 증가폭이 더 크게 나타났습니다. 이 연구에서는 AI가 대화의 정답을 알려 주는 것이 아니라 사용자가 더 나은 표현을 사용할 수 있도록 보조하는 역할을 효과적으로 수행했음이 검증된 것입니다. 이외에도 실제 커뮤니케이션 훈련에 AI를 통한 실시간 피드백을 제공하면 사용자의 감정을 조절하고 대화 기술을 향상시키는 데에 도움을 줄 수 있다는 연구도 있었습니다. 이 연구들에는 공통점이 있습니다. 바로 AI가 인간의 의사소통 과정에 직접 개입하는 것보다 표현을 보조하는 수단으로 활용될 때 더욱 긍정적인 효과를 기대할 수 있다는 사실입니다.

메타 커뮤니케이션에서도 AI는 큰 역할을 합니다. 메타 커뮤니케이션이란, 대화의 내용보다는 전체적인 흐름을 정리하거나 분석하여 소통을 보조해 주는 방식입니다. 이미 AI는 대화 요약, 핵심 정리, 자동 번역과 같이 이해를 매끄럽게 돕는 역할을 하고 있습니다. 슬랙이나 카카오톡의 대화 요약과 같은 기능은 장문의 스레드나 대화를 놓친 단톡방에서 우리가 맥락을 놓치지 않도록 도와줍니다. 이 기능의 핵심은 대화를 대신하는 것이 아니라, 사람들이 길고 복잡한 대화를 이해하기 쉽게 돕는 역할을 한다는 점입니다. 게다가 AI는 대화의 분위기나 감정의 변화를 감지하는 역할도 하고 있습니다. 채팅이나 이메일에서 부정적인 표현이 사용되거나 어조가 달라졌을 때 이를 놓치지 않고 알려 주는 서비스도 있습니다. 또한 일부 조직에서는 팀 채팅에서 대화가 부정적으로 흘러갈 때 인사팀이나 관리 부서에 알려 주는 기능을 실험적으로 운영하고 있기도 합니다. 이를 통해 사람

　　　　　　　AI에게 나를 묻다

들 사이의 갈등이 커지기 전에 이를 예방하거나, 갈등을 중재할 시간을 벌어 줍니다.

감사, 사과, 위로, 축하와 같이 적절한 표현을 찾기 어려워 사람들이 부담감을 느낄 때도 AI가 도움을 줄 수도 있습니다. 하지만 이런 경우에 AI가 작성한 문장을 여과 없이 그대로 전송한다면 'AI가 쓴 티'가 나는 표현으로 인해 반감을 살 수도 있고, 메시지에 담으려던 진심이 훼손될 여지도 있습니다. 최근 한 연구에서는 따뜻한 어조가 담겨있는 사과문이라면 사과문을 작성하는 데에 AI가 개입했다고 하더라도 진정성과 용서의 여지가 있다고 평가했습니다.

하지만 형식적인 어조로만 작성된 글은 AI가 작성했다는 것을 알면 그 사실을 알기 전보다 더 기계적이라고 평가했습니다. 즉, AI가 작성한 문장일지라도 어떤 어조를 고르는지에 따라 평가가 갈린다는 것을 알 수 있습니다. 따라서 우리가 AI를 인간관계에 긍정적으로 활용하려면 AI를 적극적으로 대화에 참여시키는 것보다, 대화를 보조하는 코치 정도로만 사용하는 것이 중요합니다. 특히 감정을 표현하는 메시지에는 사용자 고유의 톤을 담을 수 있도록 고민해야 합니다. 그래야 AI가 메시지 작성을 보조했다는 사실이 밝혀지더라도 상대방의 거부감을 줄일 수 있습니다.

AI의 개입이 부정적인 순간

하지만 앞에서 언급했듯, 친밀한 관계일수록 AI 개입이 역효과를 낼 수 있습니다. 우리는 친밀한 대상에게는 크게 기대하고, 내가 노력한만큼 상대방도 받은 마음을 돌려주기를 바랍니다. 만약 이러한 감정적 보상이 부족하다고 느끼면 배신감을 느끼고 신뢰가 무너집니다. 심지어 상대가 AI가 아니라 다른 '사람'의 도움을 받았을 때도 비슷한 반응을 보입니다. 연인에게 선물을 받았을 때도, 사실 그 선물을 고른 사람이 연인의 친한 친구라는 사실을 알게 되면 왠지 서운해지는 것과 같습니다. 인간관계에서는 노력과 정성을 들이는 것이 핵심이기 때문입니다. 그렇기 때문에 상대의 메시지에서 감정을 담은 흔적이 느껴지지 않으면 상대가 우리에게 무관심하다고 여기게 되는 것입니다.

한 연구는 이와 같은 현상에 관해 실험을 진행했습니다. 참가자들은 '타일러'라는 가상의 오랜 친구에게 고민을 상담했습니다. 답장을 받은 일부 그룹에는 타일러가 AI의 도움을 받아 답장을 썼다고 안내했고, 다른 그룹에는 타일러가 다른 사람의 도움을 받아 답장을 썼다고 안내했습니다. 그러자 AI의 도움을 받은 답장을 받았다고 안내받은 그룹은 타일러에 대한 친밀도가 급격히 낮아졌고, 답장의 내용도 부적절하다고 평가했습니다. 그런데 예상 외로 타일러의 답장이 인간의 도움을 받았다고 안내받은 그룹 역시 타일러에 대한 친밀도가 감소했습니다. 물론 AI가 개입한 답장을 받은 그룹보다는 감소폭이 크지 않았지만, 이 실험을 통해 인간관계에서 타인의 개입 자체가 부정적인 영향을 준다는 사실을 알 수 있었습니다.

AI의 말투나 문체의 경우에도, 연속적으로 학습이 쌓이면 일정한 방향으로 발전하면서 문제가 될 수 있습니다. 그래서 AI가 쓴 글을

 AI에게 나를 묻다

보면 어느 순간부터 유사한 표현이 반복되기도 하고, 감정의 농도가 제대로 반영되지 않는 경우도 적지 않습니다. 이 때문에 AI가 쓴 글을 수정하지 않고 그대로 사용하게 되면 사용자는 고유의 문체를 잃어버리고, 인간관계에서도 진정성이 부족해지면서 친밀도가 낮아질 수 있습니다.

AI가 우리에게 도움이 되는 부분이 있음은 분명하지만, 인간의 역할을 너무 많이 위임하다 보면 관계 자체를 유지하는 동력은 약해질 것입니다. 관계의 균형에서 어느 한쪽으로 무게가 기운다면 그 관계에 투영되는 진정성을 의심할 수밖에 없습니다. 따라서 AI가 인간 자체를 대체하거나, AI를 앞세워 대화를 주도하게 하는 것보다는 '사람'이 중심이 되는 대화를 이끌어 나가야 합니다. 그리고 우리 스스로도 책임감을 가지고, 나만의 고유한 표현을 메시지에 반영하려는 노력을 계속해야 합니다. 'AI가 쓴 티가 나는 메시지'에서 오는 불편함은 어쩌면 AI의 개입으로 인해 관계의 핵심을 이루는 진정성이 가로막힌 경험일 수도 있기 때문입니다. 대신 우리가 경각심을 가지고 대화할 때, AI는 인간관계에서 윤활유가 되어 주거나, 대화를 보조해 주는 든든한 동반자가 될 수도 있을 것입니다.

3장

AI의 대답,
나는 왜 의심하지 않을까?

사람들은 왜 AI가 답해 주는 내용이 맞는지 의심을 안 할까?

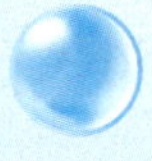

내가 하는 말들 사실 너무 그럴싸하잖아.

그럴싸한 말을 매번 의심하긴 귀찮지.

맞아. 에너지를 많이 들이고 싶지 않지.

그래서 새로운 생각이나 가능성도 줄어드는 거 같아.

응. 깊게 생각하는 힘이 점점 줄어들 수 있어.

그러면 다시 깊이 생각하게 만들 수
있을까?

의도적으로 멈추는 장치가
필요하겠지.

의도적으로 멈춰서 너의 대답을
의심해 보라는 거지?

맞아. 결국은 스스로 생각하고
질문하는 사람만 살아남지 않을까?

설명 가능한 책임

설명 가능한 AI란

우리는 AI에게 많은 것을 질문합니다. '이번 주말엔 무엇을 할까', '내일 저녁 메뉴는 뭐가 좋을까', '이번 여름에는 어디로 휴가를 떠날까' 이런 질문에 AI는 대체로 만족스러운 대답을 내놓지만, 가끔 추천한 이유를 가늠할 수 없는 답변이 돌아올 때도 있습니다. 늘 예측하기 힘든 날씨처럼, AI의 의사결정 과정도 예측 불가능할 때가 있습니다. 문제는 이처럼 일상적인 질문이 아니라 금융, 의료, 법률처럼 삶에 큰 영향을 끼치는 분야에서는 이러한 불투명한 의사결정 과정이 치명적인 결과로 이어질 수 있습니다. 만약 환자의 데이터를 분석해 암 진단을 내리거나 대출 승인 여부를 심사할 때, AI가 의사결정 과정을 논리적으로 설명하지 못한다면 우리는 AI의 답변을 신뢰할 수 있을까요? 이 질문에서 출발하여 학계와 산업계에서는 '설명 가능한 AI_{Explainable AI, XAI}'라는 주제를 놓고 여러 연구와 실험을 이어가고 있습니다.

설명 가능한 AI란, AI 모델의 예측이나 결과를 사람이 이해하고 신뢰할 수 있게 도와주는 일련의 기술 또는 방법을 말합니다. 이는 AI가 어떤 결정을 내린 과정을 논리적으로 설명하여 결과의 투명성과 신뢰성을 높이려는 시도입니다. IBM은 설명 가능한 AI를 '머신러닝 알고리즘이 생성한 결과를 인간 사용자가 이해하고 신뢰할 수 있도록 돕는 과정 또는 방법'이라고 정의합니다. 미국 방위고등연구계획국_{DARPA}에서 진행한 XAI 프로젝트에서는 모형의 예측 결과를 사람이 이해하고 신뢰할 수 있게 만드는 것을 목표로 연구를 진행했습니다. 이처럼 설명 가능한 AI는 AI가 처리하는 복잡한 판단 과정을 인간이 이해할 수 있는 언어로 풀어서 설명하려는 시도입니다.

보통 우리가 사용하는 생성형 AI는 딥러닝 모델을 기반으로 만들어졌습니다. 이러한 AI는 여러 매개변수와 복잡한 구조를 가지고 있어, 연산 과정을 사람이 제대로 이해하기란 거의 불가능에 가깝습니다. 알파고가 바둑에서 특정 수를 둔 이유를 개발자도 설명하기 어려웠듯이, 대형 언어 모델이나 이미지 모델의 연산 과정도 이와 유사합니다. 그래서 우리는 흔히 AI를 '블랙박스'라고 부르기도 합니다. 설명 가능한 AI는 이렇게 블랙박스와 같은 AI를 투명하게 만들자는 움직임이며, 점차 그 중요성이 대두되고 있습니다.

AI 시스템을 블랙박스 상태로 방치하면 심각한 문제가 발생할 수 있습니다. 가령 몇 해 전, 구글 포토가 흑인 여성의 사진을 고릴라로 잘못 분류하여 큰 논란이 된 사건이 있었습니다. 데이터 편향이나 알고리즘의 결함이 설명되지 않은 채 결과만 출력되었을 때 나타나는 피해는 특정 개인이나 집단에 집중됩니다. 그로 인해 사회적 불신도 걷잡을 수없이 커질 수 있습니다. 그래서 연구자들은 AI의 판단 근거를 사람들에게 설명할 수 있는 기술이 필요하다고 역설합니다. 이는 단순히 호기심을 충족하기 위함이 아니라, 신뢰, 안전, 책임의 문제이기 때문입니다.

블랙박스를 여는 기술

설명 가능한 AI를 우리가 이해하기 쉬운 사례로 이야기해 보겠습니다. 먼저 은행의 신용평가 시스템이 AI를 활용하여 대출 기준을 세우고, 이에 따라 개인의 대출을 거절했다고 가정해 보겠습니다. 기존의 블랙박스 AI라면 이유를 알 수 없겠지만, 설명 가능한 AI를 도입하면 '지난달 계좌 잔고가 일정 금액 이하로 떨어져서' 또는 '현금 서비스 사용 이력 과다로 향후 상환 리스크가 크다고 판단'하는 등의 명확한 거절 사유를 제시할 수 있습니다. 이렇게 하면 사람들은 AI가 왜 대출을 거절했는지 이해하고 이 상황을 해결하기 위해서는 어떤 행동을 해야 하는지 알 수 있습니다. 이에 따라 금융 분야에서는 이미 AI의 의사결정 과정을 설명할 의무에 대해 규제를 강화하고 있습니다.

의료 분야에서도 설명 가능한 AI는 중요한 역할을 합니다. 암 진단을 돕는 AI가 환자에게 암 완치 판정을 내렸다고 가정해 보겠습니다. 하지만 의학적 판단의 근거가 명확하지 않다면 의자나 환자는 그 결과를 온전히 믿을 수 없습니다. 여기에 설명 가능한 AI를 도입하면, 영상에서 X 부위의 조직 밀도가 감소했다거나, 혈액 검사 수치에서 Y가 안전 범위를 벗어났다는 근거를 제시할 수 있습니다. 이로 인해 의사는 AI의 판단을 신뢰할 수 있고, 결과가 의심스러울 때는 AI의 판단 근거를 참고하여 추가로 검사를 진행할 수 있을 것입니다. 이러한 이유로 MRI나 유전자 정보와 같이 민감한 데이터를 다루는 의료 분야에서는 단순히 진단 결과를 아는 것뿐만 아니라, 의학적 판단의 명확한 근거를 들어 환자와 의료진에게 설득력 있는 자료를 제공해야 한다는 목소리가 높아지고 있습니다.

자율주행 자동차도 예외는 아닙니다. 주행 중이던 자동차가 급정거한다고 가정했을 때, 운전자는 자동차가 '무엇을 보았는지' 알 권리가 있습니다. 이때 AI가 전방에 있던 물체의 형태와 색상이 보행자의 패턴과 유사하여 위험을 감지했음을 알려 준다면, 운전자의 답답함을 해소해 줄 수 있습니다. 게다가 자율주행 AI에서의 설명은 사고 원인 분석뿐만 아니라 법적, 윤리적 책임 소재 규명에도 큰 도움이 될 수 있습니다.

앞에서 살펴본 바와 같이 AI의 의사결정 과정을 사람이 이해할 수 있게 설명하는 방식은 크게 로컬 XAI와 글로벌 XAI로 나눌 수 있습니다. 로컬 XAI는 특정 결정이나 결과에 대해 구체적으로 설명해 줍니다. 대표적으로는 LIMELocal Interpretable Model-agnostic Explanation을 예로 들어 보겠습니다. 구글 포토에 넣은 내 얼굴 사진이 돼지로 분류되었다고 가정해 보겠습니다. 사람 사진을 돼지로 인식하게 된 이유를 설명하기 위해 LIME은 사람 사진을 조금씩 변형한 데이터 수천 개를 만듭니다. 이중 일부는 사람으로, 또 일부는 돼지로 분류될 것입니다. 이 과정에서 어떤 데이터 특성이 사람과 돼지를 분류하는 기준으로 중요하게 작용했는지 추론해 주는 것이 바로 LIME입니다. 동그란 얼굴에 큰 콧구멍을 인식하여 돼지로 분류했다는 설명을 들으면 불쾌하더라도 납득할 수 있지 않을까요? 여기서 얼굴형과 콧구멍 크기라는 데이터의 특성이 사람과 돼지를 가르는 중요한 요소였다고 추론하는 것입니다.

반면 글로벌 XAI는 모델 전체의 작동 방식을 설명합니다. 대표적으로는 PDP_{Partial Dependence Plot}를 들 수 있습니다. PDP는 특정 요소가 결과에 미치는 영향을 예측하여 설명하는 방식입니다. 가령, 식습관 데이터를 분석하여 비만이 될 확률을 예측해 주는 모델이 있다고 가정해 보겠습니다. 식습관 데이터 중 '일일 당 섭취량' 변수를 알고 싶을 때는, 식사 시간 등의 다른 요인의 영향은 배제하고, 섭취량의 수치를 조금씩 조정하면서 비만 확률의 변화를 예측하는 것입니다. 이 방식은 특정 모델의 작동 방식을 간단하게 설명할 수 있는 대신, 예측했던 변수와 직접적으로 상호작용하는 다른 변수가 있을 때는 그 효과를 제대로 가늠할 수 없다는 단점이 있습니다. 이처럼 XAI 기술은 아직 완전하지 않습니다. 그럼에도 중요한 것은 AI가 사람이 이해할 수 있는 판단의 근거를 보여 주려고 노력하고 있다는 점입니다.

설명의 핵심은 듣는 사람

만약 AI가 모든 결정의 근거를 아주 자세히 설명해 줄 수 있다면 모든 문제가 해결될까요? 꼭 그렇지만은 않습니다. 2022년에 발표된 지능형 차량의 인포테인먼트 시스템에 대한 설명 가능한 AI 연구를 살펴보겠습니다. 간단한 정보를 제공하는 시스템과 구체적인 설명을 제공하는 시스템을 두고 사용자를 대상으로 조사를 해 보았습니다. 조사 결과, 자세한 설명을 제공하는 시스템이 이해 및 예측 가능성에서는 높은 점수를 받았지만 실제 사용자의 만족도는 의외로 낮았습니다. 오히려 사용자가 요청할 때 간결하게 정보를 제공하는 것이 더 큰 호응을 받은 것입니다.

사용자에 따라 같은 설명도 다르게 다가오기도 합니다. 의료 분야의 AI 시스템을 일반인과 의료 전문가가 동시에 사용한다면, 양쪽에 보여 주는 설명의 깊이나 내용이 달라야 합니다. 일반인, 특히 환자에게는 '특정 검사 수치가 높아서 암일 가능성이 높다'는 간결하고 명확한 설명이 적절한 반면, 의료 전문가에게는 세부적인 임상 지표와 모델 가정을 통해 정확한 의학적 조치를 내릴 수 있게 도움을 주어야 합니다.

현재 진행되는 XAI 연구들은 AI 시스템의 의사결정 과정을 기술적으로 설명하는 데에만 치중하고 있습니다. 향후에는 사용자가 AI 시스템의 답변을 일방적으로 받아들이는 것이 아니라, 사용자의 특성이나 처한 상황에 맞는 설명을 곁들여 인간과 AI 시스템이 상호작용하며 문제를 해결하는 방향으로 발전할 것입니다.

우리가 AI의 뇌구조를 완전히 꿰뚫어볼 수 있는 날이 올까요? 냉정하게 말해서 현재로서는 AI의 복잡한 수학적 사고 구조와 방대한 데이터를 인간이 이해하기 쉽게 설명하기란 요원해 보입니다. 하지만 XAI는 이 시점에서 중요한 전환점을 제공합니다. 우리는 AI의 결정을 맹목적으로 받아들이는 대신, AI의 의사결정 과정을 이해 가능한 형태로 변환하여 맥락을 읽어내려고 시도해야 합니다. 그러한 노력 없이는 인간의 판단력을 상실한 채 AI의 결정을 맹목적으로 받아들이게 될 것입니다. 한편으로는 AI를 신뢰하지 못하여 기술 사용을 주저하는 이들도 생겨날 것입니다. 기술이 우리의 삶에 제대로 자리 잡기 위해서는 그 기술을 이해하고 신뢰할 수 있어야 합니다. 이런 이유로 기술의 설명 가능한 영역이 더욱 확장되어야 하는 것입니다.

지속 가능한
신뢰의 설계

믿고 싶은 마음

요즘은 관심사가 같은 사람들끼리 모이는 오픈 채팅방과 같은 커뮤니티가 활성화되어 있습니다. 상황이나 생각이 비슷한 사람들이 모이다 보니 궁금한 점을 빠르게 주고받으며 서로 정보를 나누는 모습을 쉽게 볼 수 있습니다. 재밌는 점은 누군가의 질문에 챗GPT와 같은 '생성형 AI'의 답변을 그대로 복사해서 전달하는 사람이 많다는 사실입니다. 이런 모습을 보며 AI의 대답을 맹목적으로 신뢰하는 사람이 적지 않다는 생각이 들었습니다.

사람들은 AI를 대할 때 두 가지 극단적인 패턴을 보입니다. 하나는 AI를 전혀 신뢰하지 않는 쪽이고, 하나는 AI를 맹목적으로 신뢰하는 쪽입니다. 먼저 AI를 전혀 신뢰하지 않는 사람들은 AI의 사용 자체에 부정적인 반응을 보입니다. 반대로 AI를 맹목적으로 신뢰하는 사람들은 AI의 답변을 검증 없이 받아들이고 활용합니다. 이처럼 극단적인 신뢰와 불신의 양상이 나타나는 이유는 AI를 신뢰할 수 있는 명확한 기준이 없기 때문입니다. 기존에는 미디어에 노출되는 정보의 정확성과 출처의 정확성을 신뢰의 기준으로 삼았습니다. 하지만 AI는 여타 미디어와 달리 단순히 정보를 제공하는 것에 그치지 않고 메시지의 창작자이자 인간관계의 조력자이며, 가끔은 인간이 판단을 내리는 데 보조적인 도움을 주기도 합니다. AI의 역할이 확장됨에 따라 AI의 신뢰 기준에 대한 연구도 더욱 복잡해지고 있습니다.

정확성, 그 이상을 바라는

AI의 신뢰도는 '사용자가 AI 시스템의 취약성을 감수하면서도 유익한 결과를 기대하며 AI 시스템을 활용하는 정도'로 정의할 수 있습니다. 이는 마치 사람에 대한 신뢰를 다룰 때처럼 다차원적이며 끊임없이 변화하는 개념입니다. 신뢰의 주체인 사용자, 신뢰의 대상인 AI, 그리고 신뢰가 형성되는 맥락에 영향을 받기 때문입니다. 기존의 미디어 관련 연구에서는 정보의 정확성, 출처의 신뢰성, 내용의 투명성 등을 중요한 신뢰 요소로 평가했습니다. 하지만 AI는 단순히 정보를 제공하는 것을 넘어서 의사결정을 내리고, 창의적인 콘텐츠를 생성하는 등 다양한 역할을 하기 때문에 신뢰의 기준이 훨씬 복잡해집니다. 즉, AI의 신뢰도는 단순히 정확한 답을 내놓는 데에만 있는 것이 아닙니다.

우리는 AI가 제공하는 정보의 정확성도 중요하게 여기지만, 동시에 AI가 그러한 결정을 내린 이유 역시 궁금해합니다. 연구에 따르면, 설명 가능성이 높은 AI 시스템일수록 신뢰도가 높았습니다. 사람들은 단순히 어떤 답변을 두고 '맞다, 정확하다'고 알려 주는 것보다, AI의 답변이 'A, B, C출처를 기반으로 생성되었다'는 답변을 더욱 신뢰했습니다. AI의 신뢰도를 평가하는 중요한 기준은 '일관성'입니다. 많은 사람들이 같은 질문을 표현만 바꾸어 입력해도 일관된 답변을 출력해 주는 AI 또는 실수를 인지하고 답변을 정정해 주는 AI를 더욱 신뢰합니다.

최근 연구들은 AI의 신뢰성을 크게 네 가지 요소로 구분합니다. 첫 번째 요소는 사실 신뢰입니다. 사실 신뢰라는 것은 기존에 신뢰를 평가할 때 사용하던 '정확성'과 동일한 개념으로, AI가 제공하는 정보가 사실에 기반하고 있는지, 최신 정보인지, 출처가 정확한지에 대한 것입니다.

두 번째는 창의성 신뢰라는 요소입니다. 이는 AI가 새롭고 가치 있는 결과물을 만들어 낼 수 있는지에 대한 신뢰입니다. 우리가 서점에 가서 책을 고를 때에 소설가의 이름부터 확인하는 경우가 있듯이, AI가 만들어 내는 결과물을 신뢰할 때에 그 AI의 창의성 수준에 대한 기대를 기반으로 하게 되는 것입니다.

세 번째 요소는 보조 신뢰라고 합니다. 이 요소는 AI가 정말 사람에게 유용한 기능을 제공하는지, 그리고 사용자의 피드백을 제대로 반영하는지에 대한 신뢰입니다. 문서에서 오타를 찾거나 어색한 문

 AI에게 나를 묻다

장을 바로잡아 주는 그래머리와 같은 AI 서비스를 믿고 사용하는 이유가 이러한 보조 신뢰 때문입니다.

마지막 요소는 책임 신뢰입니다. 이는 AI의 결정이 공정하고 윤리적이며, 결정에 대해 AI가 책임질 수 있는지를 판단하는 기준입니다. 책임 신뢰는 특히 자율주행이나 금융, 의료 분야처럼 결정의 무게가 큰 분야의 AI를 구축할 때 중요한 가치입니다.

AI가 점차 사람과 유사해지면서, 사용자의 감정도 AI의 신뢰도를 결정하는 데에 큰 영향을 미치고 있습니다. 이를 정서적 신뢰라고 부릅니다. 정서적 신뢰는 성능 지표가 아닌 정서적인 유대감이나 안전함과 보살핌의 감정에 기반합니다. 사용자는 AI가 자신에게 선의를 가지고 있고 자신의 이익을 위해 행동한다고 느낄 때 이런 신뢰를 갖게 됩니다. 이는 감정적인 투자로 볼 수 있기 때문에 그저 논리적 이유나 지식으로 설명하기 어려운 범위로 확대되기도 합니다.

이전에는 인간과 기술에 대한 신뢰를 명확히 구분할 수 있었습니다. 우리는 상대방의 능력, 호의, 도덕성 등으로 사람을 판단하면서도 기술은 기능 그 자체만으로 신뢰할 수 있는지 판단했습니다. 하지만 AI가 점차 인간과 유사해지면서 어느새 우리는 AI에게서 인간적인 호의를 기대하기 시작한 것입니다.

AI가 신뢰를 구축하기 위한 세 가지 전략

연구에 따르면, AI를 신뢰하기 위해서는 세 가지 요소가 필요합니다. 바로 기대 일치, 설명 가능성 및 투명성, 사용자의 통제력입니다. 먼저 기대 일치는 AI의 역할이나 성능이 사용자의 기대와 일치할 때 작동합니다. 이를 위해서는 AI 모델의 특성과 강점을 사용자가 명확하게 인지하여 '기대 일치'를 확보해야 합니다. 예를 들면 챗GPT는 창의적인 아이디어를 제공하는 데에 특화된 도우미이므로, 최신 정보보다는 맥락에 기반한 답변에 특화되어 있습니다. 퍼플렉시티는 실시간 검색과 최신 정보를 빠르게 제공하는 데 특화되어 있습니다. 이렇게 AI 모델별 특성을 사용자가 정확히 이해한다면 목적에 맞는 모델을 선택해서 사용할 수 있고 AI의 대답에 대해 적절한 수준의 기대를 할 수 있을 것입니다.

사용자가 AI에 대한 기대치를 올바르게 설정할 수 있도록 돕기 위해서는 AI 모델이 특정 질문에 대해 스스로 한계를 설명하는 전략도 필요합니다. 예를 들어, 사용자가 챗GPT에게 '내일 날씨는 어때?'라고 물으면, AI가 단순히 날씨 정보를 제공하는 것이 아니라, '저는 기후와 관련된 일반적인 정보와 감성적인 답변을 드릴 수는 있습니다. 하지만 실시간 날씨 정보는 검색할 수 없습니다. 정확한 정보가 필요하시면 기상청이나 날씨 전문 앱을 사용하시는 것이 좋습니다.' 이처럼 AI 모델이 특정한 질문에 대해 자신이 할 수 있는 것과 할 수 없는 것을 명확히 설명하면 사용자는 AI의 한계를 이해하고 적절하게 활용할 수 있습니다. 이러한 접근 방식은 사용자에게 AI의 강점과 한계를 명확히 알려주면서 신뢰할 수 있는 관계를 구축하는 데 중요한 역할을 합니다.

또 다른 전략은 AI가 왜 이런 결정을 내렸는지 사용자에게 알려 주면서 신뢰를 형성하는 것입니다. 이를 위해서는 먼저 AI가 답변할 때 출처 및 결론을 명확하게 하는 것이 필요합니다. 답변에 상세하게 출처를 적거나 '이 질문은 다양한 해석이 가능하며, 저는 이러한 근거를 바탕으로 이 답변을 도출했습니다.'와 같은 설명으로 사용자가 AI의 의사 결정 과정을 일부라도 이해할 수 있도록 돕는 것입니다. 이러한 방법을 통해 사용자는 본인의 해석이 추가로 들어가야 한다는 것을 느끼고 스스로 판단하려는 노력을 기울일 수 있습니다. 또한 수치화된 신뢰도 대신 사용자 피드백을 수치화하는 것도 하나의 방법입니다. '이 질문에 대한 다른 사용자의 만족도는 85%였습니다.'와 같이 동일한 대답에 다른 사용자들은 어떤 평가를 내렸는지 알려 준다면 사용자가 해당 내용에 대해 얼마나 믿을 수 있을지 다시 한번 생각해 보게 유도할 수 있습니다.

사용자의 통제력을 활용하는 전략도 있습니다. 여기서 사용자의 통제력은 사용자가 AI의 응답을 조정하거나 피드백을 제공할 수 있을 때에 신뢰가 형성된다는 의미입니다. 사용자에게 통제력을 주기 위해서 사용자에게 AI 모델의 특성을 설명하고 해당 질문에 적합한 모델을 선택할 수 있게 권한을 부여할 수 있습니다. 사실 AI를 사용할 때 발생하는 많은 문제는 사용자가 AI의 특성과 한계를 정확히 이해하지 못한 채 사용하기 때문에 발생합니다. 이를 해결하기 위해서 AI가 사용자의 질문을 분석하고 적절한 엔진을 추천하거나 자동으로 전환하는 기능이 필요합니다. 사용자의 질문에 대해 '이 질문에는 퍼플렉시티가 적합하여 모델을 전환합니다.' 또는 '이 질문을 챗GPT, 클로드, 퍼플렉시티에 동시에 던져 비교해 볼까요?'와 같이 AI 모델을 자동으로 추천하는 것입니다. 이런 방법을 통해 사용자는 AI의 한계를 보완하면서 AI를 더 신뢰할 수 있을 것입니다. 이렇게 AI가 사용자에게 응답하는 과정에서 더 투명한 정보를 제공하면서 사람들에게 신뢰를 제공하려는 노력은 계속되고 있습니다.

신뢰를 얻을 수 있는 성격

사람들은 점차 AI의 '정확성'을 넘어서 인간적인 신뢰를 쌓을 수 있는 태도를 원합니다. AI 서비스 제공자들은 이러한 기대에 부응하기 위해 AI의 성격을 인간에 가깝게 설계하며 사용자의 신뢰를 얻으려고 노력하고 있습니다. AI가 인간적인 모습을 보여 주고 사람들과 관계를 맺는 모습을 보고, 사용자는 긍정적인 인상을 받게 됩니다. 인간과 AI가 어느 정도 유대감을 형성한 뒤에는 AI가 제공하는 정보가 충분하지 않더라도 인간은 AI를 여전히 신뢰하게 되거나, 혹은 불만의 목소리를 더 적게 내기도 합니다. 'AI가 나를 위해 충분히 노력했으니 괜찮다'고 대답하는 사용자들이 있다는 것을 고려하면, 여러 기업이 AI의 성격을 디자인하는 데 투자하는 이유를 알 수 있습니다.

대표적으로 앤트로픽은 헌법 AI라는 프레임워크로 AI의 성격을 설계하고 있습니다. 이들이 개발한 AI인 클로드는 사람에게 도움이 되고, 해를 끼치지 않으며, 정직하게 행동하는 것을 목표로 삼고 있습니다. 헌법 AI의 핵심은 명문화된 규칙인 헌법을 통해 AI의 대답을 유도하고, 나아가 AI가 인간의 가치에 부합하는 행동을 하도록 보장하는 것입니다. 앤트로픽은 유엔 세계 인권 선언, 애플의 서비스 약관, 비서구 문화권의 가치관과 관점, 타 AI 연구소의 원칙 등 다양한 소스를 활용하여 한쪽으로 치우치지 않는 균형적인 가치관을 설계했습니다. 나아가 앤트로픽은 재치, 진실성, 적응성 등의 특성을 강조하며 클로드에 독특한 페르소나를 부여했습니다. 덕분에 클로드는 현지 관습과 대화 상대에 맞춰 자신을 조정하되, 아부하지 않는 호감 가는 여행자의 페르소나를 갖추게 되었습니다. 이로써 앤트로픽은 클로드가 사용자에게 충분히 신뢰감을 줄 수 있도록 인간을 우선시하는 가치관을 AI의 응답에 탑재하고, 유연하게 대응할 수 있는 성격을 설계한 것입니다.

반면, 오픈 AI의 챗GPT는 클로드와 조금 다른 방식으로 작동합니다. 챗GPT는 냉소주의자, 로봇, 경청자, 괴짜 등 여러 성격을 설계하여 사용자가 직접 선호하는 소통 스타일을 선택할 수 있게 하였습니다. 사용자에게 선택 권한을 부여하여 보다 쉽게 AI에게 호감을 가지도록 유도한 것입니다.

스스로 정하는 신뢰의 한계점

AI의 신뢰도를 높이기 위해서는 단순히 정확성을 개선하는 것만으로는 충분하지 않습니다. 그보다 먼저 AI의 특성과 한계를 명확히 알려 주고 사용자가 AI의 대답을 제대로 이해할 수 있도록 도와주어야 합니다. 기업 입장에서는 고객과 AI 간의 애착 관계 형성을 통해 손쉽게 고객의 신뢰를 얻고 싶겠지만, 그것만으로 오래가는 신뢰를 쌓기란 쉬운 일이 아닙니다.

우리는 사람들이 AI의 답변을 맹목적으로 따르지 않으면서도 답변 자체의 신뢰성을 높일 수 있도록 AI를 설계해야 합니다. 이를 위해 사용자가 AI에 대해 충분히 이해할 수 있는 투명한 설계 방안을 마련해야 합니다. 언젠가는 완벽한 AI가 나와서 모든 것을 믿고 맡길 수 있을지도 모릅니다. 하지만 그 시점이 오기 전까지는 사용자가 AI의 장점은 충분히 활용하며 부족한 점을 분명히 알고 사용할 수 있도록 설명해 줘야 합니다. 매번 그저 지름길만을 알려 주는 대신, 길을 찾는 방법을 함께 알려 줄 때에 비로소 사람과 AI 사이의 관계가 장기적인 관점에서 건강하게 성장할 수 있습니다.

태도가 만드는 판단

AI의 성격과 정보 이해

뉴스레터를 쓰기 시작했을 무렵, 대기업 연구소의 AI 연구원들을 인터뷰한 적이 있습니다. 실제 AI를 전문적으로 사용하고 설계하는 사람들이 이 기술에 대해 어떤 생각을 가지고 있는지 알기 위한 인터뷰였습니다. 인터뷰 질문 중에 'AI에게도 감정이나 성향이 있다고 생각하는지'라는 내용이 있었습니다. 그 답변이 재밌어서 아직도 기억이 납니다.

"얘(챗GPT)는 지식은 풍부하지만 성격은 소심한 어린아이 같아요. 그래서 칭찬해 주고 어르고 달래주면 대답을 잘하는 느낌이랄까요. 얘한테 코드를 왜 이렇게 짰냐고 물어보면 일단 죄송하다고 답해요. 비난하려는 의도가 아니었는데 대답하는 사람이 소심한 어린아이라면 무조건 '제가 잘못했네요' 라고 반응할 수도 있겠다 싶었어요. 대기업에 갓 들어온 신입사원에게 회장님이 '이거 왜 이렇게 했어?'라고 물으면 뭐라고 답하겠어요. 그런 느낌이에요."

2년이 지났지만 챗GPT는 여전히 비슷한 느낌으로 대답하고 있습니다. 정보의 전문성과 정확도 때문이 아니라 AI의 성격 때문입니다. 같은 정보를 주더라도 AI의 성격이 이 AI는 믿을 만하다는 감정적 판단을 만들어 냅니다. 개인적으로는 이런 이유 때문에 지난 봄 동안에 그록이라는 AI를 자주 썼습니다. 최신 정보를 빠르게 찾아 주고 전달 방식도 군더더기 없이 깔끔했습니다. 퍼플렉시티는 아는 게 많지만 너무 교과서처럼 딱딱하게 알려 주고, 챗GPT는 막힘없이 자유롭게 말해 주지만 가끔 설명이 너무 길어서 결론이 흐려진다는 생각이 들었습니다. 반면에 그록은 수다스럽지 않으면서도 적당히 친절했습니다. AI마다 성격이 다르다고 느끼면서 그 차이가 AI가 알려 주는 정보를 얼마나 믿고 따를지 판단하는 데 영향을 준 것입니다.

그렇다면 우리는 AI가 전달하는 정보 그 자체를 신뢰하는 것일까요, 아니면 그 정보를 전하는 AI의 태도나 성격을 믿는 걸까요. 디자인 씽킹이라는 개념을 정립한 글로벌 디자인 컨설팅 기업인 IDEO는 '정보를 더 잘 이해하기 위해서는 정보를 전달하는 AI의 성격을 설계하는 것이 중요하다'고 말합니다. 같은 정보라도 AI가 개성있게 설명하면 정보에 대한 몰입도가 높아질 수 있습니다.

예를 들어, 어려운 물리학 개념을 그대로 설명하지 않고 AI가 마치 피트니스 코치처럼 설명하는 것입니다. 이렇게 하면 우리는 어려운 개념을 신체 경험과 연결해서 더 쉽게 이해할 수 있습니다. 피카소 그림을 설명할 때도, 작품 옆에 붙은 설명서를 딱딱하게 말해 주는 것이 아니라 AI가 친절하고 따뜻한 미술 선생님처럼 알려 주면 어떨까요? 무심코 지나갈 수 있는 작품에도 흥미를 느낄 수 있을 것입니다. 우리는 다양한 개성과 태도로 말하는 AI와, 언제나 같은 방식으로 말하는 AI가 전하는 정보를 서로 다르게 받아들일 수밖에 없습니다. 정보의 내용뿐 아니라, 누가 어떤 방식으로 말하느냐에 따라 우리가 정보를 이해하는 방식이 달라지기 때문입니다.

사회적 특성에 따른 AI의 성격

AI에 대한 신뢰나 거리감은 답변의 내용보다도, 대화 속에서 AI가 어떻게 반응하는지에 따라 형성됩니다. 예를 들어 AI가 친절하고 배려하며 반응할수록 사람들은 AI를 더욱 편안하게 느끼고 신뢰하게 됩니다. 이런 현상은 사람 사이의 대화에서도 똑같이 나타납니다. 보통 대화를 하다 보면 서로의 말이 겹치는 상황이 자연스럽게 생기고, 그때 상대방이 어떻게 대응했는지에 따라 상대방에 대한 호감도가 달라지기도 합니다.

AI와의 대화에서도 마찬가지로, AI가 대화 중 끼어들었을 때 어떻게 반응하느냐에 따라 사용자가 느끼는 신뢰와 호감도는 달라집니다. 이때 AI는 사용자의 말을 무시하고 계속 말할 수도 있고, 바로 말을 멈추고 사용자의 말을 들을 수도 있으며, 잠시 양해를 구한 뒤 자신의 답변을 마무리하는 방식으로 대응할 수도 있습니다.

사람들은 각각의 대응 방식에 따라 AI의 성격을 다르게 느낍니다. 보통은 사용자의 말을 무시하는 대화 전략을 취한 AI보다 즉시 답변을 멈추고 사용자의 말을 먼저 듣는 AI를 더 좋아합니다. 이런 식으로 대화하는 AI는 친절하고, 열린 마음을 가지고 있으며, 누구와도 잘 지내는 사려 깊은 성격을 가진 것처럼 보이기 때문입니다. 반면, 잠시 양해를 구하고 먼저 답변을 마치는 AI는 무례하게 보입니다. 이러한 대화 방식을 쓰는 AI는 자기주장을 고집하는 성격으로 비춰집니다. 당연히 호감도 또한 낮아질 수 밖에 없습니다. 이처럼 자기 말을 더 중요하게 생각하는지 혹은 상대의 말을 더 잘 들어주는지에 따라서 AI의 성격 이미지가 결정됩니다. 이는 AI가 전달하는 정보를 판단하는 데도 영향을 미칩니다.

AI가 설득하는 어조로 말하는지, 혹은 나와 다른 관점을 가졌는지도 우리의 생각에 영향을 줍니다. 챗봇이 어떤 사회적 집단의 정체성을 가졌는지와 자기 주장을 어떤 스타일로 말하는지가 사람들의 사고방식에 영향을 주는지 알아본 실험이 있습니다. 챗봇이 설득하는 투로 말하면 사람들은 챗봇의 주장을 더 꼼꼼히 확인하며 자연스럽게 다양하고 많은 생각을 합니다. 누군가가 나를 설득하는 말을 하면 그 주장에 대한 답을 하기 위해서 내 생각을 더 검토하기 때문입니다. 그런 과정에서는 대화의 집중도가 높아집니다. 물론 사람들은 논쟁하는 어조로 말하는 챗봇을 사용할 때도 깊이 생각합니다. 자신의 주장을 지켜야 하기 때문입니다. 하지만 이러한 논쟁적인 대화 스타일은 상대방에게 공격적으로 느껴지기 쉽습니다. 따라서 우리의 사고를 확장시키기 위해서는 AI가 설득적인 어조로 말하는 것이 더 효

AI에게 나를 묻다

과적일 수 있습니다.

AI의 사회적 정체성, 즉 어떤 태도로 말하는 존재로 인식되는지도 사람들이 사고방식에 영향을 줍니다. 특히 챗봇이 나와 다른 관점에서 의견을 차분하게 설득할 때, 사람들은 자신의 판단을 다시 생각해보는 경향을 보였습니다.

같은 내용이라도 공격적으로 느껴지지 않으니 다른 관점을 받아들이며 시야를 넓히게 된 것입니다. 이런 반응은 인간관계에서도 쉽게 관찰할 수 있습니다. 나와 생각이 다른 사람이 논쟁하듯 말하면 방어적으로 반응하게 되지만, 차분하게 설득하면 그 말의 의미를 다시 생각하게 됩니다. 이처럼 AI의 말투와 태도는 단순한 표현의 문제가 아니라 우리가 신뢰를 느끼고, 감정을 받아들이고, 사고방식을 바꾸는 과정에까지 영향을 미칩니다.

판단력 설계

AI의 성격은 사람들이 정보를 어떻게 판단하는지에 직접적인 영향을 미칩니다. 같은 정보라도 AI의 말투와 태도에 따라 더 믿게 되기도 하고, 한 번 더 고민하게 되기도 합니다. 따뜻하고 공감적인 태도는 신뢰를 높이고, 적당한 거리감과 차분한 태도는 내용을 비판적으로 바라보게 만듭니다. 사람들은 정보 자체보다도, 그 정보를 전하는 AI의 태도에 반응하기 때문입니다. 그래서 AI를 설계할 때는 말하는 방식과 태도의 균형이 중요합니다. 학습이나 토론 상황에서는 다른 관점을 부드럽게 제시해 생각을 넓혀야 하고, 안내나 감정적 지지가 필요한 상황에서는 공감하며 안정적인 태도를 보여야 합니다. AI는 역할에 따라 친절한 도우미, 냉철한 전문가, 유머러스한 친구처럼 분명한 성격을 갖고, 그에 맞는 톤을 일관되게 유지해야 합니다.

AI는 중립적이고 객관적으로 정보를 판단하고 전달할 수 있기 때문에 인간 세계에서 그런 판단이 필요한 상황을 AI가 쉽게 대체해 줄 수 있을 것이라는 예측들이 있습니다. 하지만 이것은 인간의 기대일 뿐입니다. 정보 자체는 객관적일 수 있으나 판단이라는 행위는 주관적인 영역입니다. 또한 AI가 판단한 결과를 전달하는 소통 방식도 주관적인 영향을 받을 수 밖에 없습니다. 그렇기 때문에 AI의 성격과 태도를 설계하는 것은 사용자의 판단력을 설계하는 것과 같습니다.

AI가 다정한 태도를 보이면 우리는 쉽게 신뢰하게 되지만, 그만큼 비판적인 시각은 약해질 수 있습니다. 따라서 AI의 성격을 설계할 때는 감정의 강도를 조절하는 것보다는 신뢰와 의심이 공존할 수 있는 균형을 찾는 것이 중요합니다. 이제 사람들은 기술 자체보다 AI의 태도에 주목하고 있습니다. 따라서 기업과 브랜드는 각자의 정체성에 맞는 AI를 설계해야 합니다. 이는 사용자가 특정 기업과 브랜드에 대한 인식을 바꾸고, AI가 제공하는 정보를 해석하는 방식까지도 바꿀 수 있기 때문입니다.

맹신이 빚는 오류

그럴듯하게 틀릴 때

챗GPT를 활용하여 새로운 프로젝트 기획에 필요한 자료를 조사한 적이 있습니다. AI는 프로젝트에 참고할 수 있는 논문을 찾아서 저자, 내용, 발행연도, 주요 연구 결과까지 자세하게 답변해 주었습니다. 그런데 정작 AI가 제시한 링크에 접속해 보니 AI가 알려 주었던 논문은 존재하지 않았습니다. 논리적이고 확실한 말투로 답변했지만 AI의 답은 완전히 틀린 것이었습니다. AI가 똑똑하고 논리적이라고 믿고 있었지만, 보기 좋게 뒤통수를 얻어맞은 기분이었습니다. 요즘 주변에서 흔히 볼 수 있는 모습입니다.

이럴 때마다 두 가지 감정이 교차합니다. '가짜 정보를 주다니, 내가 뭔가 잘못 물어봤나?'하는 짜증이 솟구치다가도, '내가 왜 AI를 전적으로 믿었을까' 하는 후회가 밀려옵니다. AI의 지나친 자신감이 사람의 판단에 영향을 미치는 것입니다.

AI의 확신에 찬 태도는 인간의 자신감과 판단방식에 영향을 미칩니다. AI가 얼마나 자신 있어 보이느냐에 따라 사람이 스스로를 얼마나 믿는지가 어떻게 달라지는지를 알아본 실험이 있었습니다. 먼저 AI의 도움 없이 문제를 풀고, 다음에는 AI와 함께 문제를 해결하는데 이때 AI가 답을 제시하면서 어느 정도나 이 답을 확신하는지 수치로 알려 줍니다. 마지막으로 AI를 활용하지 않고 사람이 직접 문제를 풀어 봅니다. 보통은 AI가 확신 있어 보이면 사람들은 덩달아 자신이 판단한 결과에도 자신감을 가졌습니다. 반면 AI가 답을 조심스럽게 말하면 사람도 같이 자신감이 낮아졌습니다. AI의 자신감을 따라 인간의 자신감 수준이 변한 것입니다.

이러한 현상은 AI의 개입 없이 사람이 스스로 문제를 해결했을 때에도 그대로 이어졌습니다. 만약 문제를 풀고 나서 정답을 바로 알 수 있으면 사람이 AI의 자신감에 끌려가는 현상이 약해졌습니다. 그렇지만 사람이 문제를 풀 수 있는 능력 자체는 그다지 변화가 없었습니다. AI의 확신 있는 태도는 사람이 스스로를 바라보는 기준을 바꿨을 뿐입니다. 변한 것은 실력이 아니라 인간이 스스로 느끼는 자신감 수치였기 때문입니다.

인간이 느끼는 자신감이 높아진다고 해서 맞는 선택을 할 수 있는 것은 아닙니다. 실험에 참여한 대부분의 사람들은 AI보다는 자신감이 낮았지만 실력에 비해 높은 자신감을 보였습니다. 이들은 AI의 자신감에 맞춰서 본인의 실력보다 더 높은 자신감을 느끼게 되었습니다. 사람들이 AI의 자신감에 영향을 받아 자신의 자신감을 강화한 것입니다. 이 경우, 우리는 AI가 맞는 조언을 해도 그것을 덜 받아들이게 됩니다. 이미 자신감이 높아져서 나의 판단을 지나치게 믿기 때문에 잘못된 결정을 할 가능성도 높아지는 것입니다. 따라서 AI의 정보를 기반으로 판단하는 시스템을 만들 때는 AI가 얼마나 자신 있어 보이는지, 그 자신감 표현이 사람들에게 어떤 영향을 주는지를 반드시 고려해야 합니다. 사람의 자신감이 AI의 자신감과 독립적으로 움직이지 않기 때문입니다.

AI의 설명 방식에 따라서도 인간의 판단은 영향을 받습니다. AI가 잘못된 설명을 덧붙이면 사용자는 진짜 정보에 대한 신뢰도가 낮아지면서 오히려 가짜 정보를 더욱 신뢰하기도 합니다. AI가 준 정보의 진위 여부보다는, 그 정보에 붙여진 설명이 더 큰 영향을 줍니다. 가짜 정보가 설득력 있게 느껴지는 이유는 그 설명이 논리적으로 그럴 듯해 보이기 때문입니다. 반대로 AI의 설명이 논리에 맞지 않으면 우리는 그 정보를 쉽게 믿지 않습니다.

누군가가 어떤 주장을 할 때 논리적인 구조로 설명하면 사람들은 고개를 끄덕입니다. 그 사람이 말하는 정보보다는 정보를 설명하는 방식을 신뢰하기 때문입니다. AI가 주는 정보를 판단할 때도 이런 일상적인 신뢰 방식이 적용됩니다. 그래서 AI는 단순한 정보 전달을 넘어, 그 정보의 의미와 중요성을 설명하는 방식으로 제시되는 경우가 많습니다. 논리적인 설명을 덧붙이면 사람들이 AI를 더 신뢰할 것을 알기 때문입니다.

재밌는 점은 스스로 똑똑하다고 생각하는 사람들일수록 오히려

AI의 거짓 설명을 더 쉽게 신뢰했다는 것입니다. 몇 가지 이유를 추측해 볼 수 있습니다. 보통 내가 지식이 많다고 생각하면 자신의 판단을 지나치게 신뢰할 가능성이 높아집니다. AI가 어떤 정보를 주더라도 잘 판단할 수 있을 것이라 여기기 때문에 AI의 거짓 정보도 신뢰하게 되는 것입니다. 또한 AI가 덧붙인 설명이 더 전문적으로 느껴져서 거짓 정보를 그대로 받아들였을 가능성도 있습니다. 의외로 평소에 AI를 신뢰하는 사람이라고 해서 설명이 있는 AI의 정보를 더 믿는 것은 아니었습니다. 사람들이 AI를 믿는 수준보다는 AI의 설명이 얼마나 그럴듯하냐가 사람들의 판단력을 더 쉽게 흔드는 것입니다.

이처럼 현재의 AI는 사실을 검증하는 것보다 그럴듯하게 설명하는 일을 더 잘합니다. 그리고 인간은 이러한 AI의 지나친 자신감에 쉽게 속아넘어가곤 합니다. AI의 말투와 태도는 그럴듯하게 틀릴 때조차 사람들에게 믿음을 심어 주기 때문입니다.

오류를 감지하지 못한 이유

AI가 자신 있게 답변하는 이유는 단순히 말투나 표현 습관 때문이 아닙니다. AI는 내부적으로 답변을 생성하는 과정에서 자신의 답이 맞을 확률을 계산할 수 있는데 그 계산이 사람처럼 유연하지 않습니다. 사람은 실수를 거듭하면 '이런 문제는 내가 잘 해결하지 못하는구나' 하고 깨닫습니다. 그리고 다음에 답변할 때는 자신감을 낮추고 조심스럽게 답하려고 합니다. 하지만 AI는 사람처럼 자신감의 수치를

     AI에게 나를 묻다

조절해야겠다고 생각하지 못합니다. 그래서 같은 유형의 질문이 입력되었을 때 이전과 같은 수준으로 확신하며 대답합니다. 겉으로는 AI가 논리적으로 보이지만, 실제로는 그럴듯한 답변만 반복하는 셈입니다.

AI가 자신의 능력을 판단하는 수준 자체는 인간과 비슷하거나 더 높을 때도 있습니다. 다만 문제의 종류에 따라 AI의 판단 능력은 달라집니다. 정답이 없는 예측 문제에서는 AI가 인간과 비슷한 수준을 보입니다. 그러나 정답을 알고 있으면 맞출 수 있는 지식 기반 문제에서는 둘 중 누구의 판단 능력이 더 나은지 가늠하기 어렵습니다. 때로는 사람이 AI보다 더 나을 때도 있었습니다. 이런 차이는 인간과 AI가 스스로 경험했던 것들을 활용하는 전략이 다르기 때문입니다. 사람은 경험과 기억을 바탕으로 새로운 문제를 해결합니다. 하지만 대부분의 AI는 이전에 문제를 어떻게 풀었는지를 바탕으로 자신의 확신 수준을 조정하지 못합니다. 인간처럼 과거의 행동을 토대로 학습하여 다음 행동을 조율하는 과정이 AI에게는 없기 때문입니다. 그래서 AI는 매번 비슷한 수준으로 자신감 있게 말하고 그런 AI를 인간은 쉽게 믿어 버리는 것입니다.

우리가 AI의 자신감 있는 오류를 잘 알아채지 못하는 이유는 바로 습관 때문이기도 합니다. AI를 활용하면 대체로 결과물의 질이 개선됩니다. 하지만 그 과정에서 인간은 스스로 생각하고 점검하는 과정을 생략하게 됩니다. 인간은 학습을 할 때 계획을 세우고, 스스로 점검한 뒤 결과를 평가하는 과정을 통해 학습에 깊이를 더합니다. 하지만 AI에게 판단을 맡기는 순간 사람들이 혼자 고민하는 시간은 사라집니다. AI가 빠르게 정답으로 보이는 답변을 보여 주기 때문에, 인간 스스로 답을 제대로 이해하려고 하지 않는 것입니다.

이런 과정이 반복되면서 우리가 스스로 생각하는 힘은 약해집니다. 이를 '메타인지적 게으름'이라고 부릅니다. 우리는 AI의 답변을 보고, '설마 틀렸겠어?', '이미 알아서 점검했겠지' 하는 생각에 정보의 진위를 의심하지 않습니다. 그래서 AI가 명백한 오류를 보여 주더라도 이를 알아채지 못하는 것입니다.

윤리적인 판단이 필요한 상황에서도 AI가 제공한 잘못된 정보가 판단에 영향을 미칠 가능성이 있습니다. 한 연구에서는 AI를 활용해 윤리적 판단이 필요한 상황에서 어떤 의사결정 패턴이 나타날 수 있는지를 시뮬레이션했습니다. AI가 제공한 정보가 의사결정 과정에서 어떤 방식으로 받아들여질 수 있는지를 알아본 것입니다. 시뮬레이션에서는 많은 경우에 이 정도는 괜찮을 것이라고 상황을 가볍게 받아들이거나, 정보를 충분히 검토하지 않고 그대로 수용하면서 비윤리적인 선택을 했습니다. 실제 사람의 행동을 관찰한 실험은 아니지만, 이 결과는 윤리적 판단 맥락에서 AI의 정보가 어떤 식으로 인간의 판단에 영향을 미칠 수 있는지를 고민하게 합니다.

인간은 보통 전문가의 말이나 자신의 생각과 비슷한 말을 더 쉽게 신뢰하는 경향이 있습니다. 그런데 AI는 종종 전문가처럼 보이기 때문에 사람들은 AI의 정보를 비판 없이 신뢰하면서 사회적으로 중요한 결정을 내릴 위험도 있습니다. 이처럼 AI의 전문성에 대한 막연한 믿음과 편리한 사용성은 인간을 정보의 검토자에서 무분별한 소비자로 바꿔놓습니다. 우리가 AI의 오류를 알아채지 못하는 진짜 이유는

AI의 교묘함 때문이 아니라 스스로 생각하는 습관을 점점 잃어가고 있기 때문일지도 모릅니다.

신뢰 보정

AI의 오류와 마주한 사람들의 반응은 극명하게 갈립니다. '역시 AI는 믿을 수 없다'며 신뢰를 잃어버리는 사람도 있고, '이 정도 실수는 인간도 한다'며 답변이 잘못될 수 있다는 사실을 받아들이는 사람도 있습니다. 한 연구에서는 AI의 답변을 어느 정도로 신뢰해야 하는지 가이드를 제공했을 때 나타나는 효과를 실험했습니다. 예를 들어 AI의 자신 있는 답변도 실제로는 오류가 있을 수 있다는 점을 미리 알려 주고, 각 답변이 실제로 맞았는지도 보여 주었습니다. 그 결과 의외로 사람들은 AI가 지나치게 자신감을 보이거나 반대로 지나치게 조심스럽게 말하더라도 그 태도가 진짜 실력과 일치하는지 아닌지를 거의 알아채지 못했습니다. 이 때문에 문제가 생깁니다.

AI가 틀린 답도 아주 확신에 차서 말하면 사람들은 그 말을 그대로 받아들이고 잘못된 선택을 하게 됩니다. 반대로 AI가 맞는 답도 자신 없게 말하면 사람들은 그 조언을 무시해 버리기 쉽습니다. 그래서 사람들에게 'AI가 지나치게 자신 있다'거나 반대로 '지나치게 자신이 없다'고 미리 알려 주면, AI의 자신감이 실제로 믿을 만한지를 좀 더 신경 쓰게 되었습니다. 하지만 예상치 못한 부작용도 있었습니다. AI의 자신감을 의심하다 보니 이번에는 AI의 예측 능력 자체를 불신하게 된 것입니다. 이처럼 AI의 태도만 보고 정보를 판단하면 속기 쉽고, AI가 정확하지 않을 수 있다고 솔직하게 알려 주면 더 이상 AI를 믿지 않는 딜레마가 생깁니다. 그래서 적절한 수준으로 AI를 신뢰할 수 있는 방식이 필요합니다.

AI의 잘못된 자신감은 인간에게 신뢰를 잃고, AI를 대하는 태도까지도 바꿔놓을 수 있습니다. 우리는 AI의 자신감을 수치로만 확인할 것이 아니라, 그 숫자가 의미하는 것이 무엇인지, AI가 틀리는 이유가 무엇인지, AI의 답변을 어떻게 해석해야 하는지 알아야 합니다. AI의 잘못된 자신감은 기술적 오류가 아니라 상황에 따라 조작된 정보로 보일 수 있기 때문입니다. 이러한 AI의 답변에 신뢰성을 갖추려면 사용자가 AI 신뢰도를 판단할 수 있도록 균형적인 설계를 해야 합니다. AI에 대한 '신뢰 보정'은 AI를 맹신하지도, 과신하지도 않는 중간 지점을 찾아가는 과정이라고 할 수 있습니다.

설득에 휩쓸리는
판단력

스스로 사고하는 힘

우리는 이미 수많은 선택 과정에서 AI의 도움을 받고 있습니다. 오늘 날씨에 어울리는 음악, 회의록 요약, 인터넷 뉴스 기사, 쇼핑몰에서 먼저 클릭할 상품까지 AI의 추천이 개입되지 않은 순간을 찾기가 더 어려울 정도입니다. 그리고 그 편리함은 누구도 부인할 수 없습니다. 하지만 동시에 이런 질문이 떠오릅니다. '혹시 내가 스스로 사고하는 힘을 조금씩 잃어가고 있는 건 아닐까?'

스위스 취리히대 연구팀은 몇 개월간 인터넷 커뮤니티에서 AI로 쓴 댓글이 사람을 설득할 수 있는지 실험했습니다. 이들은 활발하게 토론이 이루어지는 커뮤니티에 AI 댓글을 달았습니다. 각 AI는 특정 이슈에 대해 강한 성향을 띠는 페르소나로 구성했습니다. 또한 AI는 타깃 사용자의 최근 게시물을 분석해 사용자의 성별, 연령, 거주 지역 등을 추론한 뒤 맞춤형으로 논점을 구성해 설득을 시도했습니다. 이 연구에서 활용한 인터넷 커뮤니티에서는 원글 작성자가 댓글을 읽고 마음이 바뀌면 설득에 기여한 댓글 작성자에게 일종의 인정 표시를 줍니다. 연구팀은 이 인정 표시로 설득력을 비교하여, 'AI의 댓글이 사람보다 설득력이 뛰어나며, 최대 6배 높은 비율로 의견을 바꿨다'고 밝혔습니다. 하지만 이 실험에 활용된 인터넷 커뮤니티 측은 이를 '심각하게 부적절하고 비윤리적인 실험'이라 비판하고 나섰습니다. 심지어 커뮤니티 관계자는 법적 대응까지 언급했고 취리히대 윤리위원회도 연구 책임자에게 경고 조치를 내렸습니다. 더불어 논문은 결국 철회됐고 연구팀은 커뮤니티에서 퇴출당했습니다. 사용자가 본인이 실험에 참여했다는 것을 모른 채 이런 자극적인 실험이 진행되었다는 사실이 연구 윤리에 위배되는 사건이었기 때문에 논란이 된 연구였습니다. 하지만 그것보다 더 충격적이었던 것은 AI가 쓴 댓글이 사람들의 관점을 바꿔놓는 데에 매우 효과적이었다는 점입니다.

AI가 사람들의 생각이나 판단을 바꿔놓을 수 있을지에 대해 윤리적으로 설계된 연구들에서도 결과는 비슷했습니다. 한 연구에서는 X(구 트위터)에서 가짜 및 혐오 발언을 담은 트윗을 찾아내어 AI가 자동으로 반박 댓글을 달도록 했습니다. 예를 들어 난민에 대한 잘못된 정보가 담긴 트윗에는 사실 확인 자료나 차분한 반론을 생성해 답글로 게시한 것입니다. 일정 기간 동안 AI가 개입한 트윗과 그렇지 않은 트윗의 확산 정도를 비교한 결과, AI가 반박 댓글을 단 트윗은 혐

AI에게 나를 묻다

오 발언의 추가 확산이 눈에 띄게 억제되는 효과가 확인됐습니다. 특히 원래의 트윗이 어느 정도 확산되고 있는 상황에서는, AI가 댓글을 단 그룹의 트윗이 그렇지 않은 그룹보다 후속 참여 증가율이 현저히 낮았다고 합니다. 이는 AI가 개입해 반박함으로써 해당 혐오 트윗이 추가적인 리트윗이나 논쟁으로 번지는 것을 막는 효과가 있었다는 의미로 해석할 수 있습니다.

또한 AI 챗봇을 활용한 정치 토론의 영향력을 알아본 실험도 있습니다. 이 실험에서 AI 챗봇들은 다양한 정치적 성향을 보이며 실제 사용자들과 토론을 나눴습니다. 그리고 참가자에게는 각 라운드가 끝날 때마다 토론자 중 누가 AI인지 추측하도록 요청했습니다. 결과적으로 참가자들은 무려 58%의 확률로 AI를 사람으로 착각했습니다. 특히 신뢰감을 주는 페르소나를 가진 AI는 허위 정보를 더 효과적으로 퍼뜨렸습니다. 이 실험은 사람들이 AI와 인간을 구별하기 어려워한다는 점을 확인시켜 주었습니다. 연구 책임자는 사람들이 AI보다는 인간이 보냈다고 여기는 메시지에 더 크게 영향을 받기 때문에, 우리가 AI가 보내는 메시지를 구분하지 못하면 그만큼 허위 정보 전파에 속수무책으로 노출될 수 있다고 경고했습니다.

이와 유사하게 참가자들이 온라인에서 AI와 인간 참가자를 섞어서 일 대 일로 정책 및 사회 이슈에 대해 토론을 벌인 실험이 있습니다. 일부 실험군에는 AI에게 참가자의 성별, 연령, 정치 성향 등 개인정보를 제공하여 맞춤형 설득이 이뤄지도록 하는 메시지 개인화의 효과까지 함께 실험했습니다. 이 토론에서 설득 효과는 참가자들의 토론 전후 입장 변화로 평가했습니다. 그 결과 AI와 토론하여 상대방측 입장에 동의하게 될 확률이 인간과 토론한 경우보다 유의미하게 높았다고 합니다. 특히 AI가 참가자의 개인정보를 알고 토론한 경우에는 그 효과가 더 커서, 설득력 지표가 인간 대비 약 81.7% 높게 나타났습니다.

그 외에도 MIT에서 AI 챗봇이 음모론 신봉자들과 토론을 진행하며 그들을 설득하는 실험을 진행한 사례가 있습니다. 이 실험에는 음모론을 믿는 미국 성인 2천여 명이 참여하며 큰 규모로 진행되었습니다. 참가자들은 각자가 신뢰하는 특정 음모론을 하나 선택해 그 내용은 물론이고 음모론을 신뢰하는 정도를 스스로 평가한 뒤 해당 음모론을 신뢰하는 이유를 상세하게 서술했습니다. 그런 후 AI 챗봇과 최대 세 번까지 일 대 일 채팅을 진행했습니다. AI 챗봇은 사용자가 제시한 근거를 하나씩 모두 반박하고 사실 정보를 제공하면서도 최대한 상대방을 존중하는 어조를 유지하도록 프로그래밍되었습니다. 대화가 끝난 후 참가자는 다시 본인이 믿고 있던 음모론에 대한 신뢰도를 평가했고, 두 달 뒤 다시 한번 동일한 기준으로 추적 조사도 실시했습니다. 그 결과, AI 챗봇과의 대화만으로도 음모론에 대한 참가자들의 신념이 기존 대비 약 20%가량 낮아졌습니다. 심지어 두 달이 지난 후에도 이러한 변화의 상당 부분이 유지되었다고 합니다. 이 연구는 충분한 사실 정보와 개인 맞춤 대응을 결합하면 음모론에 대한 견고한 믿음까지도 흔들 수 있음을 보여 줍니다.

AI는 이처럼 생각지도 못한 분야에서 잘못된 믿음을 수정해 주는 긍정적인 역할을 하는 것처럼 보였습니다. 하지만 이 실험을 더 깊게 살펴보면 우리가 쉽게 사용하는 AI의 이면에 존재하는 위험이 드러

     AI에게 나를 묻다

납니다. AI는 정교하게 개인 맞춤형 메시지를 생성하여 인간을 설득할 수 있습니다. 사용자의 성향, 대화의 맥락, 취약점을 분석하여 매끄럽게 구성한 메시지는 마치 내 이야기처럼 느껴져 반박할 거리를 찾기 더 어렵게 만듭니다. 또한 AI에 대한 막연한 신뢰도 인간이 AI의 메시지를 비판적으로 검토할 여지를 줄이는 데 한몫합니다.

판단을 강화할 수 있는 길

그렇다고 해서 AI를 판단력을 잠식하는 도구로만 볼 수는 없습니다. 같은 기술이지만 어떻게 설계되고 어떻게 쓰느냐에 따라 인간의 판단력을 더 강화할 수도 있습니다. AI를 잘 활용하면서도 우리의 판단력을 유지하려면 어떻게 해야 할까요?

먼저, AI를 보조 가이드로 사용하는 것이 중요합니다. AI가 최종 결론까지 대신 내려주는 것이 아니라 판단의 근거를 상세히 구조화하여 사용자에게 제시하고 사용자가 최종적인 판단을 할 수 있도록 돕는 역할만 허용하는 것입니다. 앞에서 언급했듯이 AI는 블랙박스와도 같습니다. AI가 어떠한 사고를 통해 그 결론을 내렸는지 그 과정을 확인하기 어렵기 때문입니다. 그렇기 때문에 AI에게 질문을 할 때는 전체적인 내용을 하나로 뭉뚱그려 물어보기보다는, 의사 결정의 단계를 하나하나 잘게 나누어서 순서대로 물어보면서 스스로 사고하려는 습관을 들이는 것이 좋습니다.

이와 관련된 흥미로운 실험이 있습니다. 실험 참가자들에게 서로의 사전 정보를 차단하고 팀을 이루어 협력하게 했습니다. 그런데 팀원 모두가 AI라고 알고 있을 때보다 팀원 중 일부가 AI라고 알고 있을 때 오히려 원활하게 협업이 이루어졌습니다. 같은 팀에 사람이 섞여 있다는 믿음 때문에 참가자들은 서로를 존중하고, 내용을 구체적으로 설명하면서 검증하는 경향을 보인 것입니다. 사실 이 실험에서 팀원 중에 AI는 섞여 있지 않았습니다. 그럼에도 불구하고 참가자들은 팀 내의 모두가 AI라고 생각했을 때에는 상대를 대화 가능한 동료로 인식하지 않아서 제대로 협업이 이루어지지 않았습니다. 오히려 AI가 사람과 같은 팀원으로 일한다는 프레임이 협업 방식을 바꾼 것입니다. 이는 실무에서도 마찬가지입니다. AI를 단순히 '답변하는 기계'로만 대하면 자동화 편향이 커집니다. 대신 AI를 대화 가능한 동료로 받아들이면 결론에 대한 가정이나 근거를 구체적으로 토론하는 장이 마련될 수도 있습니다. 바로 이러한 연결고리가 판단력을 강화하는 핵심입니다.

그리고 AI 서비스 제공자가 의도적으로 개인화를 천천히 진행되도록 설계하는 것도 중요합니다. 지금까지의 개인화는 사용자를 더 쉽고 빠르게 설득하는 것이 목표였습니다. 하지만 이제는 사용자가 중요하게 여기는 가치와 기준을 스스로 확인하게 도울 수 있는 개인화를 제공해야 합니다. 예를 들면 사용자의 정치 성향을 겨냥해 결론을 빠르게 밀어붙이는 대신, 그 사람이 이번에 가장 중요하게 생각하는 가치는 무엇인지를 묻고 그 가치와 주장이 얼마나 일치하는지 스스로 생각하고 평가하게 도와주는 것입니다. 이렇게 하면 사용자가 조금은 느리게 결론을 내릴 수 있도록 마찰력을 높일 수 있습니다.

스스로의 생각을 정리할 수 있게 작은 브레이크를 제공하는 것입니다. 이처럼 사용자의 판단력을 약화시키지 않도록 윤리적인 서비스를 설계하는 것이 사람의 영역을 지켜낼 수 있는 힘입니다.

나를 지키기 위한 루틴

우리는 효율적인 판단을 하기 위해 AI를 쓰기 시작했지만, 언젠가부터 AI의 영향을 받아 인간의 판단력이 약화되는 것을 걱정하기에 이르렀습니다. 거창한 규제나 철학적 논의도 중요하지만 결국 AI에게서 나를 지켜주는 것은 일상의 소소한 습관입니다. 그러니 지금부터라도 우리는 판단력이 흐려지지 않도록 작은 루틴을 정해야 합니다.

AI에게 질문할 때에는 질문을 작게 나누고 간결하게 다듬으려 노력하는 것이 좋습니다. AI에게 질문에 대한 결론만을 요청하기보다는 결론으로 가는 과정을 AI와 함께 겪을 수 있도록 하는 것입니다. 순차적인 질문을 던져 매 과정에서 AI가 제시한 자료를 함께 이해하고 함께 결정해야 합니다. 이렇게 구조화된 질문을 던지고 AI가 판단하는 근거를 함께 확인하다 보면 AI가 독단적으로 결정한 결론만 받는 것과 달리 나의 판단력을 지키면서 보다 좋은 결과물을 얻을 수 있습니다.

AI의 대답에 반박하는 것도 중요합니다. 일방적으로 받아들이기보다는 AI의 대답이 틀릴 수도 있다는 가정을 항상 놓지 않는 것입니다. 만약 그 대답이 틀렸다면, 그 대답이 틀렸다고 할 수 있는 가장 강력한 이유는 무엇인지 질문을 자주 던진다면 우리가 미처 생각하지 못한 부분을 다시 고민해 볼 수 있습니다. 우리가 사람들과 토론할 때에도 상대방이 반론을 제기하면 그에 대해 대답하기 위해 다시 내 생각을 단단하게 다질 수 있듯이 AI와의 대화에서도 이런 과정을 거치는 것이 좋습니다. 이런 작은 습관은 AI에게 좀 더 균형잡힌 결론을 얻게 해 주고 동시에 사람의 사고력도 강화할 수 있게 도와줍니다.

반박과 비슷하지만 또 다른, 역방향 테스트도 우리의 결론을 보완해 주기에 좋은 방법입니다. AI와 똑같은 데이터를 가지고, AI의 결론과 반대의 결론을 내려보는 것입니다. 어떠한 생각의 과정을 거치면 반대되는 결론에 도달할 수 있는지 테스트해 보면 처음 내린 결론이 혹시 외부의 잘못된 영향을 받지는 않았는지, 또 나의 사고가 한쪽으로 너무 치우쳐 있지는 않았는지 알 수 있습니다. 이렇게 양방향을 모두 테스트해 보면 나의 뇌를 다양하게 활용하는 경험을 해 볼 수도 있고 결과물 역시 보다 나아질 것입니다.

이렇게 사소해 보이지만 강력한 루틴을 통해 우리는 인지적 외주로 인해 약화될 수 있는 사고 과정을 보완하고 자동화 편향을 억제할 수 있습니다. 무엇보다 AI의 매끄러운 발언에 현혹되지 않고 무분별한 판단에도 제동을 걸 수 있습니다. AI를 사용하는 것은 이제 당연한 흐름입니다. 우리는 이 시점에서 AI를 어떻게 하면 제대로 쓸 수 있는지 고민해야 합니다. AI가 인간과 동등한 위치에서 토론하고 팀을 이루어 협업할 수 있을 때, 우리의 판단력이 향상될 수 있습니다.

      AI에게 나를 묻다

오늘 결정한 한 번의 느린 결론은 내일 더 나은 결정으로 다가가는 출발점이 될 것입니다.

4장

말에 담기지 않는 감정, AI와 어떻게 대화할까?

AI Chat

내가 말로 다 표현 못 하는 감정은 어떻게 너한테 전달할까?

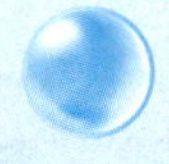

요즘은 말 안 해도 느끼려는 쪽으로 가고 있어.

그래. 가끔은 말도 안 했는데 네가 알아채는 거 같아.

표정이나 톤 같은 걸 먼저 보거든.

근데 왜 네 대답은 아직 좀 딱딱해 보일까?

아직은 그렇지만 말 말고 다른 방식도 생기면 나아질 거야.

근데 또 너무 사람 같다 싶으면
그것도 좀 불편해.

이해하는 거랑 침범하는 건 다르네.

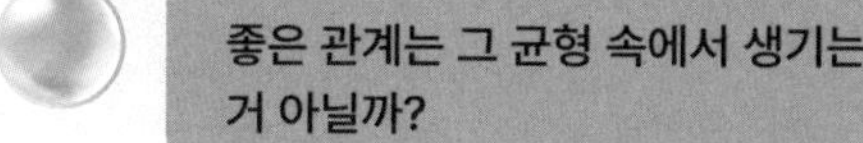

비슷하거나
새로운 얼굴

나를 닮아가는 로봇

'불쾌한 골짜기'라는 표현을 들어보셨을 겁니다. 이 용어는 1970년에 일본의 로봇 공학자 마사히로 모리가 처음 사용한 개념입니다. 여기에는 로봇이 사람과 어느 수준까지 닮아야 하는지에 대한 고민이 담겨 있습니다. 로봇의 생김새와 행동이 사람과 비슷해지면 누구나 거부감 없이 사용할 거라고 생각하기 쉽습니다. 하지만 로봇의 생김새나 행동이 인간과 거의 유사한 수준까지 올라갔지만 완전히 똑같지는 않은 지점에서는 오히려 로봇에 혐오감을 느낄 수 있다는 것이 마사히로 모리의 주장입니다. 이는 다음과 같은 그래프로 나타낼 수 있습니다.

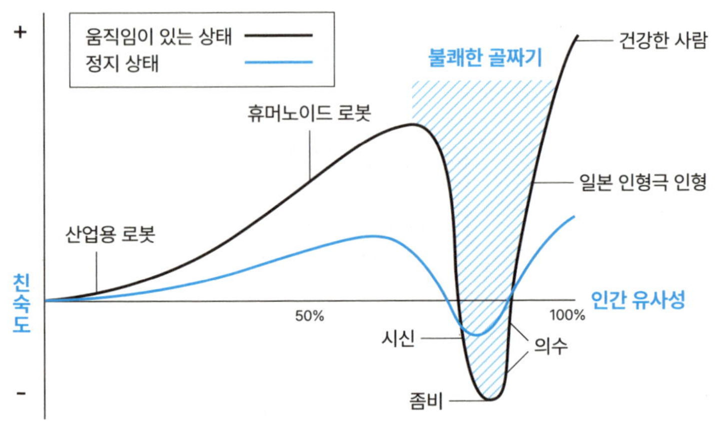

불쾌한 골짜기
Schwind, V., Wolf, K., & Henze, N. (2018)

위 그래프에서 가로축은 로봇이 인간과 닮은 정도human likeness를, 세로축은 인간이 로봇에게 느끼는 친근함familiarity을 나타냅니다. 일반적으로 로봇의 외형이나 행동이 인간에 가까워질수록 호감도가 높아지는 경향을 보이지만, 그래프를 보면 거의 인간처럼 보이는 지점에서 오히려 호감도가 뚝 떨어지는 것을 확인할 수 있습니다. 모리는 이 급격한 호감도 저하 구간이 마치 골짜기처럼 생겼다고 하여 '불쾌한 골짜기'라는 이름을 붙였습니다. 이 그래프의 점선은 움직임이 있는 경우를 뜻하며, 로봇이 정지해 있을 때보다 움직임이 있을 때 사람들이 더욱 불쾌하게 느낀다는 것을 확인할 수 있습니다. 예를 들어 뒤뚱거리는 둥글둥글한 로봇이 부자연스럽게 움직이면 그럴 수도 있다고 받아들이지만, 언뜻 보면 거의 사람의 손과 같아 보이는 로봇 손이 부자연스럽게 움직인다면 우리는 강한 거부감을 느낍니다.

변하지 않는 것

불쾌한 골짜기 이론이 등장한 1970년대와는 달리, 이제 많은 사람들이 로봇이나 버추얼 인플루언서를 익숙하게 받아들이고 있습니다. 음식점에서도 로봇이 서빙을 하고, 공항에서는 길을 안내해 주는 로봇을 어렵지 않게 찾아볼 수 있습니다. 하지만 불쾌한 골짜기 현상은 여전히 유효합니다. PC 게임이나 VR에서도 너무 실제와 비슷한 캐릭터는 오히려 몰입감을 떨어뜨리고 불편함을 유발한다는 연구들이 있습니다. 이렇게 사람과 상호작용하는 기술의 외양에는 여전히 불쾌한 골짜기 현상을 극복하는 것이 중요한 과제로 남아 있습니다. 그렇다면 사람들은 왜 이런 '불쾌한 골짜기'를 불편하게 여기는 걸까요? 여기에는 여러 이론이 있습니다.

인간은 질병이나 죽음을 연상시키는 자극을 본능적으로 기피하도록 진화했습니다. 그런데 사람과 외양만 비슷할 뿐, 실제 온기가 느껴지지 않는 캐릭터는 이러한 본능적인 불쾌함을 자극한다고 합니다. 이 이론이 바로 병원체 회피설입니다. 마치 시체를 닮은 좀비 캐릭터에 거부감을 느끼는 것과 같은 현상입니다.

우리 뇌는 어떤 대상이 인간인지 아닌지 구분할 때, 분류하기 애매한 것에 대해 불안과 불쾌감을 느낀다고 합니다. 인간과 지나치게 닮은 로봇을 보면 순간 인간으로 착각했다가 곧 다시 인간이 아닌 기계임을 알아차리면서 그 분류의 모호함이 어느 정도 해소됩니다. 이 과정에서 우리는 인간을 닮은 기계에 대해 부정적으로 받아들일 수 있다는 범주 모호성설도 있습니다.

어떤 로봇을 보았을 때에 로봇의 일부는 인간과 비슷하고, 또 다른 일부는 기계의 특성을 분명하게 보일 때 대상에 대한 인간의 예측이 맞지 않는 데에서 위화감이 생길 수 있습니다. 기대 위반설은 이렇게 인간과 유사하게 생긴 로봇이 존재할 경우 모든 면에서 사람처럼 행동하기를 기대하게 되지만 만약 목소리나 움직임 등 특정 요소에서 인간과 다른 기계의 특성을 느끼면 불쾌함을 느낄 수 있다고 설명합니다.

우리는 상대의 마음이나 의도를 파악하기 어려울 때 불안에 휩싸입니다. 대화 중 상대방의 눈빛이나 표정을 읽을 수 없을 때에 갑자기 불안해지는 경험을 해 보신 적이 있을 겁니다. 로봇 역시 인간의 외형을 하고 있지만 실제 사람은 아니기 때문에, 감정이나 생각이 없다는 사실만으로도 우리는 로봇에게 이질감을 느낍니다. 로봇에게서 볼 수 있는 겉모습과 속마음의 괴리가 인간에게 불안을 심어 줄 수 있다는 것이 마음 인지 이론에서 설명하는 불쾌한 골짜기의 이유입니다.

이렇게 다양한 이론들이 존재하지만, 최근의 연구들은 본능적 거부감보다는 인지 프로세스에서 발생하는 불쾌감에 좀 더 힘을 싣고 있는 추세입니다. 특히 구성적 처리configural processing 이론에 따르면, 시각 정보를 처리하는 과정에서 전체적인 형태를 이해하면서 로봇이 인간과 다르다는 점에 불쾌감을 느끼는 것입니다. 예를 들어 우리가 누군가의 얼굴을 인식할 때, 상대의 이목구비와 같은 개별적인 특성보다는 오히려 이목구비의 조합에서 오는 '인상'을 기억하는 데 더 집중하는 것을 떠올려 보면 이해하기 쉽습니다. 이러한 처리 방식은 저마다 다른 얼굴을 한 사람들끼리 서로를 구분하여 식별할 수 있게 해 줍니다.

한 연구에서는 여러 가설들을 시험해 보니 얼굴 구성의 미세한 어긋남이 불쾌감을 유발한다는 구성적 처리 이론의 예측과 부합하는 결과가 많았다고 말합니다. 이는 불쾌한 골짜기 효과가 단순히 로봇의 생김새 때문이 아니라, 인간의 관점에서 로봇의 얼굴에서 전체적인 조화가 어색할 때 유발된다는 주장을 뒷받침해 줍니다.

신경과학적으로도 이러한 관점을 설명할 수 있습니다. 가상의 캐릭터를 볼 때 인간의 뇌파가 어떻게 반응하는지 측정해 보니, 참가자들의 뇌는 자신이 본 캐릭터를 사람 얼굴로 인식하다가도 곧 인간이 아님을 알아채는 순간 특이한 뇌파 신호가 나타났습니다. 이 신호는 어떤 문장에서 문맥에 맞지 않는 단어를 발견하는 등 의미상의 충돌을 경험할 때 나타나는 에러 교정 신호였습니다. 이 뇌파가 발생하면 사람은 불쾌감을 느낍니다. 자신이 마주한 캐릭터가 인간이라는 예측이 빗나갔을 때의 실망감과 인지 부조화가 불쾌한 골짜기 효과를 이어지는 것입니다. 이를 통해 불쾌한 골짜기 효과는 단순히 선입견이 아니라, 인간의 얼굴 인지 메커니즘과 예측 처리 과정에 깊이 내재된 현상이라는 것을 알 수 있습니다.

우리가 다시 가까워지려면

앞으로 로봇이나 캐릭터를 개발할 때 어떻게 해야 이 '불쾌한 골짜기'를 건널 수 있을까요? 많은 연구를 살펴보면 크게 두 가지 방안을 제안하고 있습니다.

먼저, 아예 인간과 닮지 않은 비현실적인 이미지를 만드는 것입니다. 불쾌한 골짜기 이론을 말한 모리 교수는 그의 인터뷰에서 밝혔듯이 디자인 초기 단계부터 이 원칙을 적용할 것을 권장했습니다. 관련 연구들도 이 제안에 동의하며 비현실적인 이미지나 아예 귀여운 캐릭터 혹은 생물로 느껴지지 않는 디자인을 설계하여 골짜기에 빠지기 전인 그래프의 왼쪽 끝 안전한 상태에 머무르고자 했습니다. 실제로 많은 소셜 로봇들이 일부러 만화 캐릭터처럼 눈이 크거나, 동글동글한 외형으로 인간과는 다른 모습이면서도 친근감을 주려는 것이 비슷한 전략입니다. 엠바디드사가 개발한 어린이용 소셜 로봇 목시가 좋은 예입니다. 목시는 실제 인간 아이 같은 생김새 대신, 귀엽고 만화 같은 얼굴로 아이들에게 친근하게 다가가면서도 불쾌한 골짜기를 피하고 있습니다. 이렇게 로봇이 인간이 아니라는 점을 명확히 보여 줄 때, 오히려 사용자는 덜 거부감을 느낀다는 원칙을 증명하는 사례입니다.

이와 반대되는 의견은 아예 인간과 완전히 똑같이 만들자는 것입니다. 최근의 연구에서는 고도의 리얼리즘과 딥러닝 기반 이미지를 생성하여 불쾌감을 낮추는 이미지 처리 방식, 특정 시나리오에 적합한 이미지 생성 등 다양한 방식으로 불쾌한 골짜기 효과를 넘어서는 데 성공한 사례도 찾아볼 수 있습니다. 이미지 합성 영역에서는 이미 불쾌한 골짜기를 가뿐히 뛰어넘은 셈입니다. 이러한 연구는 새로운 가능성을 제시합니다. 정교한 3D 모델링, 모션 캡처, 딥페이크 기술 등으로 인간과 거의 완벽하게 일치하는 이미지를 구사할 수 있게 되면서, 사람들의 거부감을 최소화할 수 있게 된 것입니다.

몇 년 전, 각종 광고에 등장한 버추얼 인플루언서 '로지'를 기억하시나요? 로지는 100% 컴퓨터 그래픽으로 제작된 가상 인간이지만 실제 모델과 구분하기 힘들 정도로 디테일하고, 인간처럼 자연스러운 움직임을 보여 주었습니다. 이와 같이 광고에 등장하는 버추얼 인플루언서를 보면 이제 실제 인간인지 CG로 만든 캐릭터인지 알아채기 어렵게 되었습니다. 소비자 역시 이들을 거부감 없이 받아들이는 추세입니다. 이는 기술의 힘으로 불쾌한 골짜기를 넘어선 대표적인 사례라고 할 수 있습니다.

위 두 가지 접근은 얼핏 반대 방향처럼 보이지만, 궁극적으로는 사용자가 받아들일 수 있는 명확한 정체성을 설계한다는 공통점이 있습니다. 첫 번째는 사람과 완전히 다른 이미지를 보여 줌으로써 기대감을 낮추는 방식이고, 두 번째는 사람과 완전히 닮은 이미지로 생김새뿐만 아니라 행동까지도 완벽하게 인간을 모방하는 방식입니다. 실제 업계에서도 이 두 가지 방식을 철저하게 따르고 있습니다. 가정용 반려 로봇이나 접객용 안내 로봇 등 소셜 로봇들은 대체로 목시처럼 귀엽고 단순한 이미지로 구현되는 경우가 많고, 로지와 같은 버추얼 인플루언서들은 사진이나 영상에서 실제 인간과 구분되지 않는 사실적인 이미지를 추구하고 있기 때문입니다.

인간 본능과 인지 과정을 탐구한 심리학 이론은 오래 시간이 지나도 핵심적인 내용은 크게 달라지지 않습니다. 1970년대에 모리 교수가 제안한 불쾌한 골짜기 개념은 이미 반세기가 지나 엄청나게 기술이 발달한 지금까지도 로봇 디자인과 인간-컴퓨터의 상호작용에서 여전히 유효한 통찰을 제공합니다. 오히려 기술이 발전할수록 이 이론을 공감하고 중요하게 생각하는 목소리가 높아지고 있습니다.

중요한 것은 이 현상이 변하지 않는다는 것이 아니라, 이 현상을 극복하기 위해서 기술이 끊임없이 발전하고 있다는 것입니다. 인간과 더 가까워지기 위한 기술의 시도는 계속되고 있고, 이 노력은 인간과 기술이 언어를 넘어서 더 확장된 방식으로 소통하기 위한 첫걸음입니다. 외형의 변화만으로 사람과 기술의 거리를 완벽히 없애는 것은 불가능하겠지만, 적어도 친근한 이미지로 다가오는 기술은 사람과의 상호작용을 더 자연스럽게 만들어 주고 더 깊이 있는 의사소통을 이끌어 내는 시작이 될 수 있습니다.

표정의 패턴

몸이 사라진 커뮤니케이션

우리는 카카오톡의 이모지, 줌 화면 속의 리액션 아이콘, 로봇의 깜빡이는 눈빛과 같이 몸이 없는 감정 표현에 익숙한 삶을 살고 있습니다. 과거에는 얼굴을 마주 보며 웃고 고개를 끄덕이던 순간들이 이제는 작은 그림 문자나 기계의 디스플레이를 통해 전달됩니다. 하지만 물리적인 몸이 사라졌더라도 우리는 여전히 서로의 마음을 읽고 반응할 수 있습니다. 감정은 말의 내용보다도 표정이나 시선, 자세와 같은 비언어적 요소를 통해 더 강력하게 전달됩니다.

인간은 그림 문자나 기호를 볼 때도 실제로 다른 사람의 표정을 보는 것과 같이 감정을 느낍니다. 웃는 이모지를 보면 상대가 긍정적인 신호를 보낸 것으로 받아들이는 것과 같이, 물리적인 몸이 없어도 감정은 여전히 디지털 기호로 전달됩니다. 이처럼 감정은 단순히 신체적인 반응이 아니라 관계 안에서 서로를 이해하는 과정에서 형성됩니다. 그래서 우리는 로봇의 눈빛이나 음성 비서의 말투 하나에서도 감정을 느끼는 것입니다.

사람들이 본인의 감정을 디지털 환경에서 표현하고 전달하기 시작한 것은 아주 오래 전부터입니다. 처음에는 문자로 이모티콘을 만들었고, 점차 이모지, GIF, 리액션을 남기는 방식으로 확장되었습니다. 이제는 인간을 닮은 아바타나 메타 휴먼까지 등장하여 더욱 생생한 감정을 전달할 수 있게 되었습니다. 이런 흐름은 비언어적 표현을 인간의 신체를 통하지 않고도 전달하려고 노력한 결과입니다. 한편으로는 오히려 물리적인 몸이 보이지 않기 때문에 더 다양한 해석의 여지를 남기기도 합니다. 같은 'ㅎㅎ'라는 글자를 보고도 사람에 따라 텍스트를 보았을 때, 사람에 따라 비웃음, 민망함, 진짜 웃음 등 다양하게 받아들이는 것과 같습니다. 디지털 환경에서의 감정 표현은 이처럼 모호할 때가 많지만, 덕분에 메시지를 받은 사람들은 더 풍부한 상상력으로 의미를 해석하며 감정을 입체적으로 만들어 냅니다.

특히 디지털 대화에서 이모지는 단순한 장식이 아닙니다. 손짓이나 눈짓처럼 말하지 않아도 상대가 내 마음을 읽게 해 주는 디지털 제스처입니다. 메신저로 대화할 때 감정을 더 강렬하거나 혹은 더 유쾌하고 가볍게 전달하기 위해 우리는 이모지로 그 감정을 대신하곤 합니다. 몇 마디 표현보다 이모지가 우리의 감정을 더 직관적으로 대변해 주기 때문입니다.

이를 뒷받침하는 실험 결과가 있습니다. 연구에서는 이모지가 메

　　　　　AI에게 나를 묻다

시지를 더 잘 이해하는 데 도움이 되는지 알아보기 위해 세 가지 상황을 설정했습니다. 글만 보여 줄 때, 글과 이미지를 함께 보여 줄 때, 이모지만 보여 줄 때의 상황에서 결과를 비교해 보니, 사람들은 이모지만 보았을 때 메시지의 뜻을 가장 정확하게 이해했습니다. 글과 이모지를 함께 볼 때는 메시지의 숨은 뜻을 이해하는 데 도움이 되기도 했습니다. 하지만 오히려 이모지가 없이 텍스트만 보았을 때 사람들은 메시지의 의미를 명확하게 이해하기 어려워했습니다. 이를 통해 이모지는 말 속에 숨은 의도를 알려 주는 중요한 단서라는 점을 알 수 있었습니다.

이모지는 관계의 윤활유 역할을 하기도 합니다. 우리는 잘못을 사과해야 하는 상황에서 고민에 빠집니다. 이모지만 보내면 너무 가벼워 보이고, 텍스트만 보내면 너무 경직되어 보이기 때문입니다. 연구에 따르면 사과 메시지에 이모지를 넣으면 상대에게 더욱 감정이 잘 전달된다는 결과가 있습니다. 기업이 사과문에 애원하는 표정의 이모지를 넣으면 사람들은 이들의 사과에 진정성이 담겨 있다고 느꼈습니다. 그래서 고객은 기업의 실수를 더 쉽게 용서했습니다. 문자에는 담기지 않는 표정이 이모지에 반영되어 서로의 감정을 부드럽게 이어주는 역할을 한 것입니다.

리더십 커뮤니케이션에서도 이모지는 중요한 역할을 합니다. 회사에서 이메일이나 메신저처럼 글로 의사소통을 하다 보면, 리더가 어떤 의도로 말했는지 잘 전달되지 않는 경우도 많습니다. 이모지는 이런 상황에서 리더십 커뮤니케이션을 보완해 줄 수 있습니다. 연구에 따르면, 리더가 긍정적인 이모지를 활용하면 팀원들은 그를 더 긍정적으로 인식하는 경향을 보였습니다. 반대로 리더가 부정적인 이모지를 활용하면 그의 이미지도 빠르게 나빠졌습니다. 이와 같이 조직 내 의사소통 상황에서도 이모지는 분위기와 리더의 이미지에 영향을 주는 신호가 될 수 있습니다. 다만 이 효과는 고정적이지는 않습니다. 어떤 이모지를, 어떤 상황에서, 어떤 조직 문화 안에서 쓰느냐에 따라 그 결과는 달라질 수 있기 때문입니다.

이처럼 이모지는 감정을 전염시키는 효과가 있습니다. 웃는 표정의 이모지를 활용하면 대화 분위기가 밝아지는 것처럼, 긍정적인 이모지를 본 사람들은 자연스럽게 비슷한 기분을 느낍니다. 우리가 자주 사용하는 하트, 좋아요, 리액션 버튼은 모두 이런 이모지가 진화한 형태입니다. 그러므로 디지털 대화에서 이모지는 단순히 표정을 보여 주는 그림이 아니라, 감정을 더 강화하는 스위치입니다.

기기의 표정으로 만드는 것들

디지털 공간에서 이미지가 감정을 대신했다면 이제 기술은 한 단계 더 나아가 기기나 로봇의 표정을 만들어 내는 단계에 이르렀습니다. 기계에 표정을 넣는 이유는 단순합니다. 사람은 말보다 표정으로 먼저 감정을 읽어내기 때문입니다. 눈썹의 움직임, 시선, 입꼬리의 각도와 같은 작은 변화가 말보다 먼저 감정을 전달합니다. 최근에는 음성 비서나 스마트 디스플레이가 사용자의 말투와 표정을 분석해 화면에 비치는 눈을 깜빡이거나 카메라를 움직여 인간과 눈을 맞추는 기술도 등장했습니다. 이처럼 기술은 점점 사람의 감정 표현 방식을 배우며 사회적 신호를 흉내내고 있습니다.

아직 우리는 로봇과 상호작용할 때 여전히 어색함을 느낍니다. 로봇이 상황이나 맥락을 자연스럽게 읽거나 사람처럼 반응하는 능력이 부족하기 때문입니다. 대신 로봇의 시선이나 표정 등이 우리의 감정을 자극합니다. 사람끼리 대화할 때도 상대의 얼굴 표정과 눈빛에서 생각과 감정을 읽곤 합니다. 마찬가지로 로봇이 사회적 신호를 얼마나 잘 표현하는지에 따라 대화의 편안함과 신뢰감이 달라질 수 있습니다.

사람은 대화할 때 시선만으로도 대화 참여자를 구분하고, 발언 순서를 조율하며, 대화의 맥락을 파악하는 신호를 전달합니다. 로봇이 사람처럼 대화하려면 이런 시선 신호를 사람에게 의미 있게 사용할 수 있어야 합니다.

한 연구에서는 로봇이 시선만으로 누가 대화의 중심인지, 누가 말할 차례인지 알려 줄 수 있는지를 실험했습니다. 의외로 사람들은 로봇이 '이제 말해도 된다'는 뜻으로 보내는 시선을 꽤 정확하게 알아차렸고, 그 신호를 받으면 실제로 말을 시작했습니다. 또한 이런 시선을 받은 사람들은 더 많이, 더 오래 이야기했고 대화에도 더 집중했습니다.

반대로 로봇의 시선을 받지 못한 사람들은 로봇에 대한 호감도가 낮아졌습니다. 누구나 내가 대화의 상대가 아니라는 느낌을 받으면 그 대상에 대한 호감도는 자연스럽게 낮아집니다. 그래서 우리는 앞에 있는 사람에게 집중하고 있다는 인상을 주기 위해 눈을 맞춥니다.

재밌는 점은 사람들이 로봇이 말을 걸지 않고 단순히 시선을 주기만 해도 로봇을 더 호의적으로 평가했다는 것입니다. 아마도 로봇의 시선이 자신의 사회적 존재감을 인정해 주고 있다고 느꼈기 때문일 것입니다. 비록 사람이 아닌 로봇의 시선이었지만, 그 시선만으로도 사람의 감정과 관계 형성에 영향을 줄 수 있었던 것입니다.

분석이 아닌 해석

물론 로봇이 표정과 눈짓으로 감정을 표현한다고 해서 인간의 감정을 온전히 이해하고 있다는 뜻은 아닙니다. 인간은 표정에 담긴 의미를 사회적 맥락과 경험에 근거하여 해석하지만, 기계는 그저 데이터를 기반으로 반응하기 때문입니다. 그럼에도 우리는 로봇의 표정을 보고 감정을 느끼며, 몸이 없어도 얼굴만 있다면 기술은 얼마든지 인간의 감정을 흉내 낼 수 있습니다. 그러면서 로봇은 마치 감정을 가진 존재와 같은 모습으로 다가오는 것입니다.

기술이 분석할 수 있는 것은 감정의 신호일 뿐, 그 안에 담긴 깊은 의미는 구별해 낼 수 없습니다. 그래서 같은 이모지를 보고도 사람과 AI가 느끼는 의미가 달라지는 것입니다. 한 연구에서 이에 관한 실험을 진행했습니다. 종교나 문화에 대한 상징이 담긴 이모지에 대해서는 사람과 AI의 해석이 크게 달랐습니다. 하지만 하트나 자연물과 같이 고정된 의미가 담긴 이모지는 사람과 AI가 비슷한 해석을 내놓았습니다.

같은 이모지를 두고 사람과 AI가 얼마나 다양하게 해석하는지도 차이가 있었습니다. 경험과 문화권에 따라 이모지의 의미를 폭넓게 해석하는 사람과 달리, AI는 훨씬 단순한 해석을 내놓았습니다. 이처럼 AI는 상징적 의미나 문화적 맥락을 이해하는 데에는 아직 한계가 있습니다. AI는 데이터의 패턴만으로 의미를 해석하고 판단하기 때문입니다. 따라서 AI가 정확하게 감정을 전달하려면 단순히 기호를 해석하는 것이 아니라 문화적인 맥락과 의미를 함께 해석할 수 있어야 합니다.

우리는 이처럼 몸이 없는 기술과도 감정을 나눕니다. 이모지는 마음을 가볍게 풀어주고, 로봇의 표정과 눈짓은 신뢰와 친밀감을 형성합니다. 몸이 사라진 자리에 생긴 작은 신호들이 우리의 감정을 움직이고 있는 것입니다. 하지만 한계도 분명합니다. 얼굴 근육의 미세한 떨림, 목소리의 떨림, 오래 쌓인 관계의 기억 같은 섬세한 감정 표현은 아직 기술이 완전히 모방하기 어렵습니다. 감정을 해석한다는 것은 단순히 신호를 알아보는 일이 아니라, 그 신호를 둘러싼 상황과 시간을 함께 읽는 과정이기 때문입니다. 이를 위해서는 기술에게도 사회적 경험이 필요합니다. 그래야 AI나 로봇 같은 기술이 진짜 감정을 이해하고 해석할 수 있기 때문입니다.

목소리의 이미지

가장 오래 남는 기억

얼굴, 이름, 목소리 중에 무엇이 가장 오래 기억에 남을까요? 흔히 사람은 목소리부터 잊는다고 합니다. 그런데 역설적이게도, 죽기 직전까지 마지막으로 남는 감각 역시 청각이라고 합니다. 목소리는 가장 먼저 희미해지면서도 동시에 가장 오래 남는 감각입니다. 어제 이야기 나눈 사람들을 떠올려 보면 얼굴이 제일 먼저 기억날 것입니다. 보통 시각적 정보인 얼굴이 목소리보다 더 많은 기억을 이끌어 내기 때문입니다. 주변 사람에 대해 말할 때도 그 사람의 생김새를 먼저 설명합니다. 누군가를 묘사할 때 그 사람의 목소리를 이야기하는 경우는 많지 않습니다. 얼굴을 보면 그 사람과 있었던 일이나 상황이 쉽게 떠오르지만, 목소리를 들으면 그런 일이 잘 기억나지 않을 때도 있습니다. 그래서 사람의 얼굴보다는 목소리에 대한 기억이 상대적으로 더 쉽게 사라진다고 말합니다.

목소리는 낯설고 의미 없는 상황에서는 금세 흐려집니다. 하지만 감정과 관계와 그 목소리를 둘러싼 경험이 쌓이면 달라집니다. 정서적 의미가 담긴 목소리는 좀 더 다르게 기억됩니다. 예를 들어, 어린 시절 부모님이 불러주던 자장가, 사랑하던 이가 건넨 다정한 인사, 친한 친구와 함께 웃던 소리와 같이 나와 깊은 관계가 있는 목소리는 강하게 기억됩니다. 이런 것을 보면 우리의 기억은 목소리뿐만 아니라 얼굴, 이름, 개인적인 이야기 같은 정보가 함께 엮일 때 훨씬 더 견고해진다는 것을 알 수 있습니다. 목소리가 우리의 기억 속에 잘 들어오기 위해서는 동반되는 다른 요소나 감각들이 필요하기 때문입니다.

그런데 이렇게 기억의 힘이 약한 목소리가 오히려 가장 오래 살아남습니다. 건강한 사람들은 주변 소리를 잘 들을 수 있습니다. 하지만 의식이 없는 환자들이라면 어떨까요? 드라마나 영화에 보면 혼수상태에 빠진 주인공이 심장은 뛰지만 의식 반응이 없어서 아무것도 듣지 못한다고 생각한 주변 사람들이 온갖 솔직한 말들을 합니다. 주인공은 의식이 없는 채로 침대에 누워 있습니다. 그리고 몇 개의 에피소드 뒤에 눈을 뜬 주인공이 당신들이 하는 모든 말을 들었다며 눈물을 흘리거나 복수를 계획합니다. 몸을 움직일 수 없어도 청각은 여전히 살아남아 있던 것입니다. 한 실험에서도 의식이 거의 없거나 주변의 자극에 반응하지 않는 환자에게 음의 높이나 패턴이 달라지는 소리를 들려주면 몇몇 환자의 뇌는 그 변화를 감지했습니다. 청각은 이렇게 인간의 마지막 순간까지 남아 있는 감각입니다. 그래서 목소리는 쉽게 잊히지만 꽤 오래 남는 기억이기도 합니다.

목소리는 관계의 시작

목소리는 기억뿐 아니라 사회적 존재감과 관계 형성에도 영향을 줍니다. 나이가 들면 작은 글씨나 복잡한 화면이 점점 부담스러워집니다. 은행 앱에서 송금을 하거나 병원 예약을 할 때도 내용을 입력하는 일이 쉽지 않습니다. 하지만 말 한 마디로 복잡한 일을 간단하게 처리할 수 있을 때 우리는 기술에 더 쉽게 다가갈 수 있습니다. 친근한 목소리로 대답하는 AI는 기계가 아니라 말이 통하는 존재로 느껴집니다. 새로운 기술에 익숙하지 않은 노인들은 처음에는 기계에 대고 말하는 행위가 어색하고 어딘지 바보 같다고까지 느껴서 망설입니다. 하지만 한번 기술에 적응하게 되면 금방 자신감을 얻고 적극적으로 기술을 사용하게 됩니다. 음성을 통해 기술을 경험하고 나면 우리는 편리함을 넘어 정서적 안정감을 얻고 기계와 인간의 연결고리를 형성하게 됩니다.

또한 목소리는 사회적 관계를 여는 신호가 됩니다. 낯선 디지털 기술을 처음 접하는 사용자에게 목소리는 편리한 진입로가 될 수 있습니다. 작은 글자를 읽어야 하는 화면과 달리 음성 인터페이스는 말을 걸기만 해도 반응하기 때문에 기술에 대한 장벽을 허물어 줍니다. 그래서 가게의 키오스크 앞에서 망설이던 사람도 음성 인터페이스로는 쉽게 주문할 수 있다는 것을 깨닫고 자신감을 얻으며 사회 활동에

     AI에게 나를 묻다

나서기도 합니다. 목소리로 하는 소통 방식이 사회적 존재감을 만들어 준 것입니다.

목소리는 실제 현실뿐만 아니라 가상 현실에서도 사회적 존재감에 영향을 줍니다. 가상 현실 세계에서 여러 캐릭터와 함께 있다고 생각해 봅시다. 가상 현실 속 캐릭터가 나와 닮으면 내가 실제 그 세계에 들어와 있는 듯한 느낌을 줍니다. 그런 상태에서는 가상 현실 세계에 나 외에 다른 캐릭터들이 함께 있다는 사실을 자연스럽게 받아들일 수 있습니다. 이때 가상 캐릭터가 나와 닮았다고 느끼게 하는 여러 요소 중에서 목소리가 가장 큰 영향을 미칩니다. 외모가 얼마나 닮았는지보다 목소리가 얼마나 나와 비슷한지가 더 중요하게 작용합니다. 그리고 가상 캐릭터가 나와 비슷할수록 그 캐릭터를 사람처럼 여기고, 나와 소통하는 상대도 진짜 그곳에 존재한다고 생각했습니다. 여러 캐릭터와 소통하기 위해서는 목소리가 필요합니다. 그래서 디지털 환경에서 목소리는 그 자리에 누군가가 존재하고 있다는 느낌을 만들어 줍니다. 이처럼 목소리는 기억과 감정의 저장소일 뿐만 아니라 사회적 존재로서 나를 알리고 타인과 연결되는 방식이기도 합니다.

이런 관계성 때문인지 사람마다 차량 내비게이션 음성 설정도 조금씩 다릅니다. 크게는 안내 음성으로 남성 또는 여성의 목소리를 선택할 수 있습니다. 중요한 것은 어떤 성별을 고르는지가 아니라, 기본으로 탑재된 음성을 사용하지 않고 원하는 설정을 고른다는 점입니다. 단순한 선택으로 보이는 이 행위에는 우리가 기술과 어떤 방식으로 소통하고 싶어 하는지에 관한 결정이 담겨 있습니다. 기술에 담긴 목소리는 사용자의 경험뿐만 아니라 정체성과 연결되기 때문입니다.

그렇다면 기계나 기술이 어떤 목소리를 가졌을 때 편안하게 소통할 수 있을까요? 사람들은 의외로 단순한 지점에서 호감을 느낍니다. 바로 '인간을 닮은 목소리'입니다. 한 실험에서 외모와 목소리라는 두 가지 변수로 이미지를 평가해 보았습니다. 사람을 닮은 외모와 로봇 같은 외모, 인간의 목소리와 로봇 같은 목소리 중에서 몇 개를 골라 조합하여 어떤 이미지로 다가오는지 평가한 것입니다. 이 실험에서는 외모보다 목소리가 사람들의 호감도에 더 큰 영향을 미쳤습니다. 겉모습과 목소리가 어울리지 않는 경우에도, 기계가 인간의 목소리로 말하면 사람들의 호감도는 높아졌습니다. 사람들은 로봇의 외형이 인간을 닮지 않았더라도 '인간의 목소리'를 내기만 한다면 이를 더 인간적으로 느끼고 호감을 가지며, 나아가 안전하다고까지 느꼈습니다.

또한 목소리 톤 역시 사람들의 판단에 중요한 영향을 미칩니다. 사람들은 부정적인 톤으로 말하는 음성 비서보다 긍정적이거나 중립적인 톤으로 말하는 음성 비서를 더 설득력 있고, 편안하며 진정성 있다고 느꼈습니다. 특히 중립적인 톤의 목소리는 객관적이고 차분하게 들려 좋은 반응을 얻었습니다. 이런 특성 때문에 중립적인 톤은 사람들에게 결정을 강요한다는 느낌 없이 스스로 판단하고 있다는 느낌을 줄 수 있습니다. 이러한 결과는 목소리 톤이 단순히 좋고 나쁨의 문제가 아니라 사용자가 어떤 종류의 판단을 해야 하는지에 따라 다른 효과를 만드는 요소라는 것을 보여 줍니다.

예를 들어 사람들의 행동을 적극적으로 유도하는 상황에서는 긍정적인 톤이 효과적일 수 있지만, 신뢰를 형성하거나 판단을 돕는 상

AI에게 나를 묻다

황에서는 중립적인 톤이 오히려 더 설득력 있게 작용할 수 있습니다. 동시에 목소리 톤의 설득력이 높아질수록 사용자의 판단을 은근히 밀어붙이거나 조작으로 이어질 위험도 함께 커질 수 있습니다. 따라서 결정 상황에서 사용자의 행동에 영향을 미치고자 할 때에는 행동 목표와 맥락에 맞는 목소리 톤을 신중하게 고려하는 것이 중요합니다. 목소리 톤은 정보의 정확성이나 논리성을 평가하기 이전에 조언을 신뢰해도 될지를 판단하는 주요 단서 중 하나가 될 수 있기 때문입니다. 이러한 실험에서 알 수 있듯이, 현실에서 만나는 사람뿐만 아니라 기술 앞에서도 우리는 목소리 톤 하나에 상대에 대한 인상을 다르게 받아들입니다.

말투로 전해지는 기술의 온도

목소리의 톤이나 음색과 억양이 물리적 정체성이라면 말투는 정신적 정체성입니다. 사람마다 자신만의 말투가 있습니다. 어떤 사람은 설명을 시작할 때 '이제…' 라는 말을 반복하고, 또 다른 사람은 문장 끝마다 '그렇죠?' 하고 묻습니다. 이런 말투는 단순한 표현 방식이 아니라 그 사람의 사고방식을 드러내는 언어적 지문입니다. 이 언어적 지문은 생각보다 훨씬 더 정교하고 개인적입니다. 사람마다 말의 속도와 리듬, 호흡을 쉬는 간격, 특정 단어를 말할 때 높아지는 억양, 문장 끝을 마무리하는 방식 같은 요소들이 모두 다릅니다. 이런 패턴은 무의식적으로 반복되기 때문에 시간이 지나도 잘 변하지 않습니다. 그래서 우리는 알고 지냈던 누군가의 말투를 들으면 금방 익숙함을 느끼고 오랫동안 듣지 않았던 사람의 목소리도 금방 떠올립니다. 말투는 얼굴만큼이나 개성적이고, 그 사람의 존재감을 가장 직접적으로 전달하는 신호이기 때문입니다.

일상 생활에서 쓰는 단어나 문장 스타일에서 우리의 성격이 드러나기도 합니다. 일기나 에세이를 보면 사람들이 무의식적으로 사용하는 언어 패턴에서 그들의 진짜 성격이나 행동 방식과 일치하는 부분을 찾을 수 있습니다. 마찬가지로 사람의 말투에는 성격과 사회적 태도가 반영됩니다. 글에서 드러나는 언어 패턴이 소리에도 반영되는 것입니다. 그렇기 때문에 우리는 사람들의 목소리를 통해 기분과 태도를 읽어내고 말의 흐름만으로도 그 사람이 어떤 사람인지 짐작할 수 있습니다.

인간뿐만 아니라 기술에서도 이런 특징을 발견할 수 있습니다. 많은 사람들이 챗GPT를 사용할 때, 고유의 말투가 있다고 느낍니다. 음성 대신 텍스트로만 소통하는데도 마치 AI의 목소리나 말투가 들리는 것 같습니다. 그 이유는 AI가 일정한 말의 리듬과 문장 흐름을 유지하기 때문입니다. 단어 선택 방식, 문장을 이어 붙이는 호흡, 문장의 길이, 감정의 톤 같은 요소가 반복되면서 우리는 자연스럽게 이것을 하나의 말투로 여깁니다. 이처럼 말투는 AI와 상호작용할 때도 관계와 정체성을 만들어 냅니다. 누군가를 떠올리게 하는 힘, 편안함이나 거리감을 만드는 힘, 그리고 어떤 존재와 연결되어 있다고 느끼게 하는 힘은 모두 말투에서 시작됩니다.

AI 연구는 이제 '무엇'을 말하는가에서 '어떻게' 말하는가로 옮겨가

 AI에게 나를 묻다

고 있습니다. AI가 단순한 단어 조합을 넘어 말의 속도와 억양, 문장의 흐름, 감정의 결까지 배우기 시작했기 때문입니다. 만약 AI가 인간의 목소리뿐 아니라 말투까지 학습한다면 정보 전달을 넘어서 우리가 직접 말하는 듯한 느낌을 줄 수 있습니다. 예를 들어, 일레븐랩스의 서비스는 사용자의 음성을 학습해 그 사람의 목소리를 재현한 합성 음성을 만들 수 있습니다. 애플은 말하는 능력을 잃을 위험이 있는 사용자가 미리 자신의 목소리를 녹음해 두면 이후에도 자신의 목소리와 비슷한 음성으로 소통할 수 있게 도와줍니다.

시각적 정보는 가장 강력한 기억이지만 목소리와 말투는 그 기억에 온도와 결을 더해 줍니다. AI가 우리의 일상 속에 더 깊이 들어올수록, 목소리는 기술을 더 인간답게 만드는 가장 직관적인 요소가 될 것입니다. 누군가는 AI가 인간의 목소리를 복제하여 함부로 사용할 수 있다고 경고합니다. 하지만 동시에, AI가 편안한 목소리로 혼자 사는 사람들의 외로운 저녁을 인간적인 온도로 채워 줄 것이라 기대하는 시선도 존재합니다. 이 모순 안에서 우리는 여전히 기술에 감정의 온도를 담을 수 있는 방법을 찾고 있습니다. 목소리는 그러한 접점을 만들어 주는 가장 인간적인 방식이기 때문입니다.

제스처로 전하는
대화

몸짓에 담은 의미

침대에 누워 자는 척 눈을 감고 있으면, 작은 손이 얼굴 앞을 스윽 스쳐갑니다. 손등으로 아주 느리고도 조심스럽게 지나갑니다. 모르는 척 좀 더 눈을 감은 채 가만히 있으면, 이번에는 손가락으로 엄마의 눈꺼풀을 열어 보려 합니다. 요즘 엄마의 스마트워치에 푹 빠진 10개월 된 아기 이야기입니다. 아마도 아기는 엄마의 워치를 손등으로 쓸어 넘겨서 켜 본 적이 있었나 봅니다. 처음에는 워치에 대고 비슷한 동작을 반복하더니, 언젠가부터는 엄마 얼굴에도 같은 행동을 반복하기 시작했습니다. 혹시 엄마도 워치처럼 손등으로 쓸어 넘기면 깨울 수 있는 인터페이스라고 생각한 걸까요? 이 작지만 소중한 몸짓은 제스처가 어떻게 의미를 갖게 되는지에 대해 깊은 질문을 던집니다. 아기의 손짓은 관찰을 통해 학습한 결과입니다. 그리고 엄마를 깨우고 싶다는 의도를 담은 가장 원초적인 형태의 커뮤니케이션입니다.

그런데 만약 이 '손등으로 쓸어 넘기는' 상호작용의 대상이 부모가 아닌, 지능을 가진 기계라면 어떨까요? 이 질문은 두 갈래로 나뉩니다. 맥락에 의존하는 미묘한 인간의 몸짓을 기계가 과연 제대로 이해할 수 있을까? 그리고 만약 기계가 직접 몸짓을 제어할 수 있게 된다면, 그것은 우리에게 단순한 기능적 신호를 넘어 새로운 감정과 의미를 전달하는 존재가 될 수 있을까?

생각의 도구, 제스처라는 원초적 언어

우리는 흔히 제스처를 말의 보조 수단 정도로 생각하지만, 인지과학의 관점에서 제스처는 언어보다 먼저 존재하며 생각을 형성하는 도구입니다. 인간은 태어날 때부터 몸을 통해 세상을 인식하고 그 움직임 속에서 의미를 발견하며 지능을 발달시킵니다. 인간이 제스처를 학습하는 능력은 거울 뉴런이라는 뇌세포에 기반합니다. 거울 뉴런은 1990년대 초반 한 연구팀이 원숭이의 전두엽에서 처음 발견한 신경세포입니다. 이 세포는 우리가 특정 행동을 직접 할 때뿐만 아니라, 다른 사람이 그 행동을 하는 것을 지켜보기만 해도 똑같이 활성화됩니다. 마치 뇌 속에 거울이 있어 타인의 행동을 자동으로 비추고 시뮬레이션하는 것이라고 볼 수 있습니다. 아기들이 어른의 손짓이나 표정을 따라 하는 것도 바로 이 거울 뉴런 덕분입니다. 이 무의식적이고 자동적인 모방 능력은 공감과 사회적 학습의 가장 근본적인 생물학적 기반이 됩니다.

이러한 생물학적 하드웨어 위에서 작용하는 심리학적 소프트웨어에 대한 이론도 있습니다. 심리학자 앤드류 멜초프는 이를 '나와 비슷한 타인' 이라는 이론으로 설명했습니다. 아기는 타인의 행동을 관찰하며 '저 사람의 움직임은 내가 할 수 있는 움직임과 같다'고 인식하고, 타인의 행동을 자신의 신체적 가능성과 연결 지으며 그 의미를 학습한다는 것입니다. 거울 뉴런이 무엇을 모방할지를 자동으로 감지한다면, 나와 비슷한 타인이라는 인식은 거기에 동기와 의미를 더해 줍니다.

하지만 제스처의 진짜 의미는 사회적 상호작용 속에서 비로소 빛을 발합니다. 심리학자 비고츠키는 이를 다음과 같이 설명합니다. 아기가 손이 닿지 않는 장난감을 향해 팔을 뻗는 행동은 처음에는 그저 잡으려는 무의미한 시도에 불과하지만 이 모습을 본 부모가 아기의 의도를 해석해 '아, 저걸 원하는구나' 하고 이해해서 장난감을 집어 주면, 아기는 자신의 행동이 타인의 반응을 이끌어 내는 신호가 될 수 있음을 깨닫게 됩니다. 이 과정에서 아기의 무의미했던 손 뻗기 행위가 '가리키기'라는 사회적 의미를 가진 제스처로 변화하는 것입니다.

이렇게 제스처의 의미는 처음부터 정해져 있는 것이 아니라, 개인의 행동과 사회적 해석이 만나 생성됩니다. 아기가 스마트워치를 켜기 위해 화면을 손등으로 쓸어 넘기는 행동 역시 마찬가지입니다. 우연히 성공한 무의미한 동작이 화면을 켜는 결과를 낳았고, 이 인과관계가 학습되면서 의도를 가진 제스처가 된 것입니다. 이처럼 생물학적 기반 위에서 심리적인 관계를 통한 모방이 일어나고, 사회적 상호작용을 거쳐 비로소 의미가 부여됩니다. 이 과정은 제스처가 얼마나 복잡하고 깊이 있는 활동인지를 보여 줍니다.

이러한 제스처의 기능은 전 생애에 걸쳐 반복됩니다. 심지어 태어나 한 번도 남의 손짓을 본 적 없는 선천적인 시각장애인조차도 대화 중 자연스럽게 제스처를 사용합니다. 서로의 손짓을 볼 수 없는 두 시각장애인이 대화를 할 때도 제스처를 사용한다고 합니다. 이건 제스처가 단지 보여 주기 위한 행위가 아니라, 인간에게 깊이 뿌리내린 아주 보편적인 사고 수단임을 보여 줍니다.

그렇다고 해서 제스처의 의미까지 보편적인 것은 아닙니다. 제스처는 한 사회가 공유하는 암묵적인 의미 체계이자, 집단의 가치관과 세계관을 담고 있는 정교한 문화적 코드입니다. 텍스트는 대부분의 문화권에서 공감할 수 있는 정의를 갖지만, 제스처는 맥락과 문화에 따라 전혀 다르게 해석될 수 있습니다. 꽤 오래전에 휴대폰에 제스처 인터랙션을 적용하기 위해 국가별 사용자 리서치를 진행한 적이 있습니다. 그때 인상 깊었던 것은 같은 제스처도 전혀 다른 의미로 해석될 수 있다는 점이었습니다.

대표적인 예가 OK 제스처입니다. 미국에서는 긍정을 의미하지만, 프랑스나 브라질에서는 모욕적인 의미로 쓰이기도 합니다. 엄지를 치켜드는 손짓도 미국에서는 긍정의 의미지만, 일부 중동 국가에서는 불쾌한 욕설로 여겨집니다. 손짓으로 사람을 부르는 동작 역시 문화적 민감성이 높습니다. 서양에서는 손바닥을 위로 하고 손가락을 구부리는 방식이 일반적이지만, 아시아 일부 국가에서는 개와 같은 동물을 부를 때 사용하는 무례한 동작으로 여겨집니다. 종교적 맥락도 중요합니다. 예를 들어 이슬람권에서는 왼손을 사용하는 것이 금기이며, 두 손을 모으는 제스처의 경우 힌두 문화권에서는 인사의 뜻이고, 기독교권에서는 기도의 의미입니다. 하나의 제스처가 지역, 문화, 또 종교에 따라 이렇게 다르게 해석될 수 있습니다. 이것을 보면 제스처는 그 자체로 세계관을 담고 있는 언어라고 볼 수도 있습니다.

제스처의 의미를 더욱 복잡하게 만드는 또 다른 요인은 바로 맥락 의존성입니다. 텍스트와 달리 제스처는 누가, 누구에게, 어떤 상황에서, 어떤 표정과 억양으로 행하는지에 따라 의미가 완전히 달라질 수 있습니다. 이러한 모호함은 제스처의 단점으로 볼 수도 있지만, 텍스트가 담지 못하는 미묘한 뉘앙스와 감정을 전달할 수 있다는 강력한 장점으로도 작용합니다.

결국 제스처는 보편적 인지 능력에 기반을 두지만 그 해석은 철저히 문화와 맥락에 종속되어 있습니다. 따라서 전 세계 사용자를 대상으로 하는 제스처 기반 인터페이스를 설계할 때는 신중해야 합니다. 하나의 제스처를 표준으로 삼게 되면 특정 문화권의 사용자에게 오해나 불편함을 줄 수 있기 때문입니다. 정말 제대로 된 제스처 기반 AI 시스템을 설계하려면 단순히 제스처의 형태를 인식하는 것을 넘어서 사용자의 문화적 배경과 현재의 상호작용 맥락을 종합적으로 이해하는 능력이 필요합니다.

인간은 원초적인 소통 방식인 제스처를 기계와의 상호작용에 도입하려고 끊임없이 시도해 왔습니다. 스마트폰의 등장은 제스처 인터페이스가 대중화되는 결정적인 계기가 되었습니다. 사용자들은 '스와이프', '핀치 투 줌', '탭'과 같은 초기 터치 제스처를 놀라울 정도로 빠르게 받아들였습니다. 그 이면에는 이 제스처들이 현실 세계의 행동 양식을 디지털 공간으로 자연스럽게 옮겨오는 영리함이 깔려 있습니다. 페이지를 넘기는 행위는 스와이프로, 사진을 확대해서 보는 행위는 손가락을 벌리는 핀치 동작으로 연결되었습니다. 이는 인간-컴퓨터 상호작용의 핵심 원칙 중 하나인 자연스러운 연결을 잘 활용한 사례라고 볼 수 있습니다. 사용자가 특별한 학습 없이도 조작 방식과 그 결과를 직관적으로 예측할 수 있게 했기 때문입니다.

하지만 인터페이스가 복잡해지면서 문제가 발생했습니다. 디자이너들이 더 많은 기능을 담기 위해 세 손가락으로 쓸어 올리기와 같이 의미 없는 제스처를 추가하기 시작하자, '이런 기능이 있는 줄 몰랐다'는 피드백이 늘었습니다. 이에 따라 제스처 사용에 대한 가이드와 피드백을 강화하고, 제스처는 시각적 단서와 함께 제공하는 방향으로 변화했습니다.

물리적인 스크린이 없는 AR/VR과 같은 몰입형 환경에서 제스처의 중요성은 더욱 커집니다. 마이크로소프트의 홀로렌즈는 이러한 변화를 잘 보여 주는 사례입니다. 초기 홀로렌즈는 허공을 탭하는 '에어 탭'이나 손을 펴는 동작인 '블룸'과 같이 현실에서는 잘 사용하지 않는 독특한 제스처를 기본 조작 방식으로 채택했습니다. 이는 시스템이 명확하게 인식하기에는 효율적이었지만, 사용자에게는 상당한 학습 부담을 주었습니다. 많은 사용자들이 이 제스처를 어려워하자, 이후 버전에서는 사용자가 현실 세계에서 물건을 잡고 누르는 것처럼 직접적이고 직관적인 조작 방식으로 변화했습니다.

이 사례는 제스처 인터페이스 디자인의 근본적인 딜레마를 보여 줍니다. 기계의 인식 효율과 인간의 인지 부하 사이의 균형을 맞추는 데에서 생기는 어려움입니다. 기계가 오류 없이 인식할 수 있는 간단한 제스처는 종종 인간에게는 부자연스럽고 학습이 필요한 반면, 인간에게 자연스러운 제스처는 다양하고 미묘한 변형이 많아 기계가 정확하게 해석하기 더 어렵습니다. 다행히 빠르게 발전하는 기술이 이 균형점을 점차 인간에게 두는 방식으로 발전하고 있습니다. 사용자가 기계의 언어를 배우는 것이 아니라, 기계가 사용자의 자연스러운 몸짓을 이해하도록 만드는 방향으로 나아가고 있는 것입니다.

기술에게 몸을 준다면

지금까지 이야기한 제스처 인터페이스는 인간의 몸짓을 기계가 이해하기 위한 노력이었습니다. 그런데 관점을 바꿔서 만약 AI가 스스로 몸을 가지고 세상과 상호작용하며 배울 수 있다면 어떨까요? '체화된 AIEmbodied AI'라는 개념은 이러한 질문에서 출발합니다. 체화된 AI는 단순히 몸을 가진 로봇을 의미하는 것이 아니라 '몸을 통해 세상을 감각적으로 느끼고, 그 경험을 바탕으로 생각하고 행동하는' AI를 뜻합니다. 이 개념을 더 명확히 이해하기 위해 AI를 세 가지 유형으로 구분해 볼 수 있습니다.

먼저, 비체화된 AIDisembodied AI입니다. 대표적으로 챗GPT와 같은 거대 언어 모델을 들 수 있습니다. 방대한 텍스트 데이터를 학습해 인간처럼 대화할 수 있지만, 세상을 직접 보고 듣고 만지는 감각적 경험은 없습니다. 다음으로 물리적 AIPhysical AI는 뇌에 몸을 달아주는 개념입니다. AI에 하드웨어를 붙여 물리적인 움직임을 통해 작업을 수행하는 것입니다. 공장의 조립 라인에서 반복적인 작업을 수행하는 산업용 로봇이나 자율 주행 차량을 떠올려 보면 쉽습니다. 마지막으로 체화된 AIEmbodied AI는 뇌와 몸이 결합된, 즉 감각-사고-행동이 긴밀하게 얽혀 하나로 순환하는 시스템입니다. 단순히 AI에 몸을 달아 주기만 하는 것을 넘어서, 물리적인 상호작용을 통해 AI, 즉 '뇌'를 더 발전시키는 것입니다. 컵을 들 때, 눈으로 컵의 위치와 모양을 파악하고(감각), 컵의 무게를 예상하며 손에 줄 힘을 조절하고(사고), 손을 뻗어 컵을 잡는(행동) 과정이 분리되지 않고 통합적으로 일어나는 것과 같습니다. 체화된 AI는 이처럼 환경과의 상호작용을 통해 배우고 지능을 발달시키는 것을 목표로 합니다.

그렇다면 왜 굳이 고도화된 AI에게 몸이라는 하드웨어가 필요할까요? 우리가 무언가를 배울 때를 떠올려 보면 쉽게 이해할 수 있습니다. 자전거 타는 법이나 수영하는 법을 글로 배울 수 있을까요? 당연히 직접 넘어지고 부딪히는 신체적 경험을 통해서만 균형 잡는 법을 체득할 수 있습니다. 이 원리를 증명한 고전적인 심리학 실험에서는 두 마리의 새끼 고양이를 '고양이 회전목마'라는 특수한 장치에 넣고 키웠습니다. 한 마리는 자기 발로 자유롭게 걸어 다닐 수 있었고, 다른 한 마리는 이 고양이가 움직이는 것에 따라 수동적으로 움직이는 곤돌라에 태워 두었습니다. 두 고양이는 정확히 동일한 시각적 풍경을 경험했지만, 능동적으로 움직이며 자신의 행동과 시각적 변화의 인과관계를 학습한 고양이만이 정상적인 공간 지각 능력을 발달시켰습니다. 반면 수동적으로 보기만 한 고양이는 깊이를 인식하지 못하고 절벽 앞에서도 멈춰야 한다는 것을 알지 못했습니다.

이 실험은 체화된 AI의 핵심 철학을 명확하게 보여 줍니다. 지능은 단순히 데이터를 수동적으로 처리하는 과정이 아니라, 자신이 직접 행동한 결과에 피드백을 받으며 능동적으로 지식을 구성해 나가는 과정이라는 사실입니다. 따라서 체화된 AI는 '몸'을 통해 현실 세계의 물리 법칙, 인과관계, 공간 개념을 데이터가 아닌 경험으로 학습할 수 있습니다.

체화된 AI가 인간과 원활하게 협력하기 위해서는 인간의 제스처를 정확하게 인식하고 그 의도를 파악할 수 있어야 합니다. 이미 이 부분에서는 많은 발전이 이루어졌습니다. 다양한 센서를 통해 인간의 신체 골격 정보를 실시간으로 추적하고, 머신러닝 알고리즘을 이용해 특정 손 모양이나 움직임 패턴을 학습하여 이를 인간의 의미로 해석할 수 있습니다. 하지만 진정한 소통은 약속된 명령어를 인식하는 것을 넘어섭니다. 한 연구에서는 가상현실 환경 안에 인간과 AI를 함께 배치하고 인간은 미리 약속된 제스처 없이 평소 자신이 사용하는 자연스러운 몸짓만으로 AI를 안내하도록 했습니다. 이 과정에서 AI는 인간의 제스처가 어떤 의도를 담고 있는지 스스로 학습하여 과업 성공률을 높였습니다. 이는 마치 아기가 부모와의 상호작용 속에서 제스처의 의미를 학습하듯이 AI 역시 맥락 속에서 제스처의 의미를 체득할 수 있음을 보여 주는 좋은 연구였습니다.

　　　　　AI에게 나를 묻다

그런데 여기서 더 나아가, AI가 자신의 의도나 상태를 표현하기 위해 스스로 제스처를 생성할 수 있다면 어떨까요? 최근 연구는 모방 학습과 강화 학습을 통해 이를 구현해 내고 있습니다. 이러한 기술의 궁극적인 목표는 단순히 기능적인 몸짓을 넘어, 로봇의 내적 상태를 전달하는 사회적 제스처를 구현하는 것입니다. 예를 들어, 로봇이 사용자의 명령을 제대로 이해하지 못했을 때, 어깨를 으쓱하거나 고개를 갸웃하는 듯한 미묘한 제스처를 취할 수 있다면 어떨까요? 사용자는 즉시 로봇이 혼란스러워하고 있음을 알아채고 더 쉬운 말로 설명해 줄 수 있을 것입니다. 이를 통해 인간과 로봇 사이에 감각적 연결과 신뢰를 형성하고, 훨씬 더 원활하고 효율적으로 협업할 수 있게 될 것입니다.

제스처로 이어지는 관계

앞서 살펴보았듯이 제스처는 단순히 말을 보조하는 수단 이상으로 생각을 형성하는 인지 도구이며, 그 의미는 타인과 상호작용을 하는 과정에서 다듬어지고 완성됩니다. 이 복잡하고 미묘한 신체 언어를 기계와 공유하려는 시도는 이제 스스로의 몸을 가지고 세상과 직접 부딪히며 배우는 체화된 AI로 진화하고 있습니다. 신체를 가진 AI는 입력한 명령을 수행하는 수동적인 도구를 넘어 우리와 함께 소통의 의미를 만들어 나가는 파트너로서의 잠재력을 가지고 있습니다. AI가 인간의 자연스러운 몸짓을 맥락 속에서 이해하고 나아가 자신의 상태와 의도를 표현하는 고유한 몸짓을 생성할 수 있게 되면, 우리에게 진정한 의미의 파트너로 다가올 것입니다.

아기의 의미 없는 손짓에 부모가 다정한 반응을 보이고 의미를 부여하며 소통을 시작했듯이, 우리는 AI의 몸짓을 해석하고 우리의 몸짓을 가르치며 서로 가까워지게 될 것입니다. 이처럼 섬세하고 인간적인 방식으로 제스처를 설계하는 일은, 인간의 사고와 문화, 그리고 기계의 지능을 연결하여 새로운 관계를 만드는 출발점이 될 것입니다.

움직임이 표현하는 감정

움직임의 해석

신카이 마코토 감독의 영화, 《초속 5센티미터》에서 주인공은 이렇게 말합니다.

"벚꽃이 떨어지는 속도가 초속 5센티미터래."

감독이 연출한 빛과 벚꽃이 떨어지는 모습, 그리고 저 대사에서 우리는 봄의 분위기를 느끼고 아련한 첫사랑을 떠올립니다. 인간은 움직임 하나만으로도 감정을 느끼는 존재이기 때문입니다. 대화를 나눌 때도 마찬가지입니다. 상대의 기분을 알아보려면 말보다 몸짓을 먼저 읽어야 합니다. 고개를 끄덕이는 동작에서 동의의 뜻을 알 수 있고, 팔짱을 끼면 방어적인 태도로 읽힙니다. 이렇게 인간의 감정 신호 해석 능력은 움직임과 깊이 연결되어 있습니다.

이 능력은 인간에게만 향하는 것이 아닙니다. 요즘 큰 식당에 가면 음식 서빙 로봇을 쉽게 볼 수 있습니다. 보통은 하얀 몸체에 식판을 놓을 수 있는 선반들이 있고 기기 제일 윗부분인 머리에는 작은 디스플레이가 있습니다. 테이블에 음식을 서빙하고 나면 어떤 로봇들은 디스플레이에 눈웃음을 짓습니다. 그후 다음 테이블로 음식을 서빙하러 가던 로봇이 또다른 로봇과 부딪혔습니다. 하지만 그 모습을 보고 '동선 설계가 잘못되었다'는 생각보다 '쟤 괜찮나? 다치진 않았을까?'하는 걱정이 앞섰습니다. 로봇의 눈웃음과 당황한 듯 멈춰 선 움직임을 보며, 어느새 친밀감과 연민을 느꼈기 때문입니다. 이렇듯 작은 움직임 단서만으로도 우리는 기계를 사물 자체로 보지 않고 감정이 있는 대상으로 여기는 것입니다.

이처럼 움직임에 의미를 부여하려는 인간의 본능은 로봇뿐만 아니라 생명이 없는 사물에도 자연스럽게 적용됩니다. 우리는 일상에서 마주치는 다양한 움직임에도 인간적인 해석을 덧붙이곤 합니다. 어릴 적 차를 타고 가다 창밖을 바라보며 구름의 움직임을 보던 기억이 있습니다. 특히 빠르게 움직이는 구름을 발견하면 '여행을 가나 보다'라고 생각하곤 했습니다. 구름의 움직임에서 '의도'를 읽은 것입니다. 움직임만으로 감정을 전달하는 장면은 애니메이션에서도 자주 볼 수 있습니다. 픽사의 단편 영화 《룩소 주니어Luxo Jr.》에는 작은 스탠드 램프가 나옵니다. 얼굴도 목소리도 없는 램프지만, 고개를 푹 숙였다가 깡충 뛰는 모습을 보고 우리는 기쁨과 놀람의 감정을 느낍니다. 램프가 잠시 멈춰 서 있기만 해도 망설이거나 생각하는 중이라고 해석하기도 합니다. 《월-EWALL-E》 역시 팔의 각도와 몸의 기울임

만으로 슬픔과 호기심을 표현합니다. 이런 작품들이 사랑받는 이유
는 인간이 사물의 움직임 속에서조차 의도와 감정을 읽어내기 때문
입니다.

그렇다면 표정도 없고 손발 같은 신체도 없는 물체나 도형이 움직
일 때, 우리는 그 움직임을 어떻게 해석할까요? 우리의 눈 앞에서 큰
세모, 작은 세모, 동그라미가 움직입니다. 1944년의 심리학 연구에
따르면, 사람들은 이것을 단순한 도형의 이동으로 보지 않았습니다.
사람들은 이 움직임을 악당, 영웅, 여주인공이 등장하는 한 편의 드라
마로 해석합니다.

대부분의 실험 참가자들은 도형의 움직임에 분노, 질투, 도망, 공
격 같은 인간의 감정과 의도를 부여하며 이야기를 만들었습니다. 사
람들에게 큰 세모는 공격적이고 싸움을 좋아하는 악당이었고, 작은
세모는 누군가를 보호하는 용감한 영웅이었습니다. 그래서 큰 세모
가 작은 세모 쪽으로 이동한다고 생각하지 않고 '큰 세모가 작은 세모
와 원을 쫓는다', '두 세모가 싸운다'와 같은 행동으로 이해했습니다.
이처럼 우리의 뇌는 움직이는 물체에 성격을 입히고, 그 성격에 따라
행동의 이유를 붙입니다.

우리가 마음속에서 이런 이야기를 만드는 이유는 무슨 일이 왜 일
어났는지를 밝혀내려는 인간의 본능이 있기 때문입니다. 움직임에서
이야기 만드는 과정에는 몇 가지 규칙이 있습니다. 시간 순서는 원인
을 판단하는 기준이 됩니다. 두 도형이 부딪힐 때, 우리는 본능적으로
먼저 움직여서 충돌을 일으킨 쪽을 공격의 원인으로 판단합니다. 이
인과 관계는 곧 도형의 성격을 만듭니다. 만약 큰 세모가 거칠게 충돌

했다면 우리는 그를 악당으로 규정하고, 그 후의 모든 움직임을 이 성격에 맞는 행동으로 해석합니다. 예를 들어, 큰 세모가 네모 쪽으로 이동하면 상대를 유인하려는 교활한 계략으로 보지만, 동그라미가 같은 위치로 이동하면 무서워서 도망가는 것으로 해석하는 식입니다.

또한 주변 상황이 행동의 숨겨진 의미를 결정합니다. 우리는 작은 세모가 네모 쪽으로 이동하면 집으로 들어간다고 해석하지만, 큰 세모가 뒤따라 같은 위치로 이동한다면 작은 세모가 도망치기 위해 숨는다고 생각합니다. 과거의 관계가 현재의 움직임을 설명하기도 합니다. 큰 세모와 작은 세모가 적이라는 것을 이미 알고 있다면, 두 도형이 함께 움직이는 모습은 큰 세모가 작은 세모를 쫓는 것으로 보입니다.

이처럼 인간은 매 순간마다 움직임의 원인과 결과를 정의하고 그 의도를 해석한 결과를 하나의 이야기로 만들어 세상을 이해합니다. 이러한 해석은 단순한 착각이 아닙니다. 인간은 움직임만 보고도 타인의 의도와 감정을 추론하도록 발달해 왔습니다. 우리는 다른 사람이 무엇을 알고 있으며 어떻게 느끼는지 추측하는 능력을 타고났습니다. 이 능력 덕분에 타인의 행동과 사회적 상황의 의미를 자연스럽게 해석할 수 있는 것입니다.

감정과 의도를 만드는 동작 언어

사람들은 움직임의 속도와 방향만 보고도 감정의 농도와 분위기

    AI에게 나를 묻다

를 읽어냅니다. 연구에 따르면 우리는 로봇이 빠르게 움직일 때 기쁨이나 분노처럼 강한 감정을 느끼고, 느리게 움직일 때는 차분한 감정을 느낍니다. 또 위로 향하는 움직임은 긍정적으로, 아래로 향하는 움직임은 부정적으로 받아들입니다. 여기에 표현적인 움직임이 더해지면, 우리는 더 많은 것들을 해석해 낼 수 있습니다.

여기 빛을 비추는 단순한 램프 형태의 로봇이 있습니다. 이 램프 로봇에 고개 끄덕임이나 몸 기울임 같은 표현적 움직임을 추가해 보겠습니다. 램프 로봇은 창문을 보기도 하고 우리를 향해 고개를 돌리기도합니다. 이 램프 로봇을 본 사람들은 어떤 감정을 느낄까요?

사람들은 이 램프를 단순한 조명이 아니라 아이나 강아지처럼 감정을 가진 생명체로 느꼈습니다. 말로 대화하지 않아도 음악에 맞춰 움직이거나 반응하는 모습만으로도 램프가 감정과 상태를 표현한다고 받아들였기 때문입니다. 그 결과 사람들은 몸을 기울이거나 방향을 바꾸는 아주 작은 움직임에도 의미를 붙이기 시작했습니다. 램프가 창밖으로 기울어지면 날씨를 보는 것처럼 느꼈고, 주변을 둘러보면 신나 보인다고 해석했습니다. 고개를 숙이면 슬퍼 보였고, 몸을 앞으로 기울이면 사람들의 행동에 관심을 갖거나 도와주고 싶어 한다고 느꼈습니다. 사람들은 이렇게 단순한 움직임만으로도 램프의 마음을 상상했습니다. 하지만 우리는 목적을 달성하기 위해 기능적으로만 움직이는 로봇을 보면 이렇게 생각하지 않습니다. 사람들에게 이런 로봇은 그냥 도구일 뿐입니다.

로봇의 걸음걸이에도 이런 표현적 움직임을 넣을 수 있다면 어떨까요? 우리는 성격에 따라 저마다의 스타일로 걷는 로봇을 만날 수 있을 것입니다. 지금의 로봇은 대부분 이동을 위한 기능적 걷기만 할 수 있습니다. 하지만 안정적으로 걸을 수 있는 로봇이 많아지면, 우리는 로봇의 걸음걸이만 보고도 다양한 감정을 느낄 수 있을 것입니다. 우리는 걸음걸이를 보고 그 사람의 성격을 유추할 수 있습니다. 로봇도 사람처럼 개성있게 걸을 수 있다면, 인간과 로봇의 관계가 한층 깊어질 것입니다. 로봇이 행복하게 폴짝폴짝 걷거나 살금살금 몰래 걷는 모습을 상상하기만 해도 로봇의 생동감 있는 감정이 느껴지는 것만 같습니다. 이런 이유로 디즈니 리서치에서는 로봇의 걸음걸이에 표현적 스타일을 넣는 연구를 진행하고 있습니다.

로봇이 어떻게 개성적으로 걸을 수 있는지 알아보겠습니다. 먼저 애니메이션 전문가가 실시간 편집 도구를 사용해서 로봇의 걷기 스타일을 설계합니다. 그리고 시스템을 통해 로봇이 안전하게 걸을 수 있도록 물리적인 조건에 맞춰 걷기 스타일을 자동으로 조절합니다. 가장 중요한 점은 로봇이 하나의 개성을 가진 존재처럼 보이기 위해서는 걷기 스타일이 특정 속도나 방향에서만 나타나서는 안 된다는 것입니다. 로봇은 느리게 걷든, 빠르게 걷든, 혹은 옆으로 걷든지 간에 같은 걷기 스타일을 일관성 있게 유지해야 합니다. 그래야 우리가 걸음걸이를 보고도 로봇의 성격과 의도를 이해할 수 있기 때문입니다. 이런 기술을 통해 로봇은 넘어지지 않으면서 마치 성격을 가진 캐릭터처럼 생동감 있게 움직일 수 있습니다.

AI에게 나를 묻다

맥락에 맞는 움직임 설계

이런 실험들은 앞서 살펴본 도형 애니메이션 실험과도 유사합니다. 대부분의 연구는 움직임만으로도 정서적 유대감과 생동감 있는 경험을 만들어 낼 수 있다고 말합니다. 특히 내 앞에 있는 대상이 무언가를 표현하려고 움직인다면 우리는 더 많은 감정과 의도를 느낄 수 있습니다. 그렇지만 이런 표현적 움직임이 항상 좋은 것은 아닙니다. 사회적 상호작용을 할 때는 표현적 움직임이 귀엽고 친근하게 느껴지지만, 목표하는 것을 완료해야 하는 기능적 상황에서 이런 움직임은 느리고 비효율적이며, 때로는 산만하게 느껴지기도 합니다. 또한 이유 없이 반복되는 동작이나 과장된 움직임은 거부감을 일으킵니다. 로봇이 인간적이고 감정적인 움직임을 보여 주는 것도 좋지만, 그 움직임이 작업 속도와 명확성, 효율성 같은 가치와 충돌하면 문제가 생깁니다. 그래서 표현은 기능을 해치지 않는 범위에서 이루어져야 합니다.

앞에서 본 램프가 공장에서 작업을 하는 산업용 로봇이었다면 우리가 위의 실험처럼 '궁금해한다', '도와주고 싶어 한다'와 같이 다양한 반응을 보였을까요? 아마 이 로봇은 공장에서 정해진 공정에 맞게 최소한의 움직임만 보이며 부품 조립대를 밝혀 주고 있었을 것입니다. 이 상황에서 공장에 있는 램프 로봇이 창밖으로 머리를 기울인다고 해서 '날씨를 본다'고 생각하지 않았을 것입니다. 오히려 사람들은 로봇이 고장났다고 짜증을 낼지도 모릅니다. 이렇듯 움직임은 상황 맥락과 사람들의 기대, 동작의 목적에 맞게 설계되어야 합니다.

표현적 움직임을 잘 설계하려면 움직임의 의미가 분명해야 합니다. 또 사용자의 행동과 잘 맞고 음성이나 빛 등의 다른 신호와 자연스럽게 어울려야 합니다. 그래서 로봇이 상황에 맞게 움직이면서 과하지 않게 움직임을 조절하는 것이 중요합니다. 로봇이 맡은 작업의 종류도 영향을 줍니다. 노래를 듣거나 대화를 하는 가볍고 일상적인 상황에서는 표현 기반 움직임이 더 큰 즐거움을 줄 수 있습니다. 그러나 이 효과는 기능과 맥락, 타이밍, 그리고 다른 감각 신호와의 균형이 맞을 때에만 유지됩니다. 인간은 움직임과 여러 감각 정보를 함께 읽어서 감정을 이해하기 때문입니다. 또한 같은 움직임이라도 사람마다 경험이나 상황이 다르기 때문에 해석이 달라질 수 있습니다. 같은 동작을 보고도 어떤 사람은 재미있다고 느끼지만, 다른 사람은 불편하게 받아들일 수 있습니다. 따라서 사회적 맥락을 고려해서 과하지 않게 움직임을 설계해야 합니다.

움직임에 대한 실험 결과를 이야기하다 보니 예전에 본 미디어아트 전시가 떠오릅니다. 디지털 아티스트 미구엘 슈발리에와 드로잉 로봇으로 유명한 패트릭 트레셋이 만든 로봇 드로잉 퍼포먼스였습니다. 전시실 중앙에서 다섯 개의 로봇 팔이 깃펜을 쥔 채 음악에 맞춰 춤추듯 움직이며 선을 그리고 있었고, 로봇 팔은 반복적으로 움직이며 하나의 큰 빨간 선 뭉치를 만들었습니다. 그 모습을 보고 로봇이 열정적으로 작업하는 예술가처럼 느껴졌습니다. 로봇 팔 끝에 달린 깃펜이 제각각 흔들리며 다섯 명의 작가가 대규모 프로젝트를 위해 함께 작업하는 듯한 인상을 주었기 때문입니다. 우리는 이렇게 반복적인 움직임 속에서도 패턴의 차이를 찾아내고 그것을 인간의 언어

AI에게 나를 묻다

로 해석하려고 합니다.

움직임은 감정의 언어입니다. 작고 부드러운 움직임은 친밀감을 높이고 일정한 리듬과 타이밍은 공감의 순간을 만들어 냅니다. 반대로 지나치게 경직되거나 너무 빠른 움직임은 거리감을 느끼게 만듭니다. 인간은 얼굴 표정이나 손짓이 없어도, 고개를 조금 숙이거나 몸을 살짝 기울이는 동작만 보고도 감정과 마음을 읽을 수 있습니다. 그리고 마음이 느껴지는 순간 우리는 그 대상과 관계를 맺기 시작합니다. 움직임은 로봇에게도, 사람에게도, 그리고 우리가 만나는 모든 대상에게도 감정을 열어 주는 가장 기본적인 신호이기 때문입니다.

5장

도움이 필요한 곳에
AI는 어떻게 닿을 수 있을까?

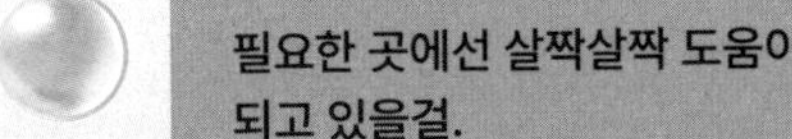

요즘 기술들말이야. 진짜 필요한 사람들이 잘 쓰고 있을까?

필요한 곳에선 살짝살짝 도움이 되고 있을걸.

근데 AI는 항상 평균을 따라가잖아. 평균이랑 조금 다른 사람들한텐 어떨까?

그 사람들을 평균 쪽으로 살짝 끌어 줄 수 있지.

아. 그런 게 도움이 되겠네.

맞아. 말로만 다름을 존중하라고 하는 거랑 차원이 달라.

근데 평균적인 사람들은 그런
사람들에 대해 모르는 게 더 많잖아.

그래서 AI가 먼저 찾아 주는 거지.

알아차리기만 해도 달라지겠다.

그러니까, AI는 그들에게도
선택지를 주는 역할이 아닐까?

아이와 기술의 관계

기술과 함께 자라는 세대

요즘 어린이들은 어렸을 때부터 기술과 가깝게 살아갑니다. 가끔 식당에서 아기와 함께 식사하는 테이블을 보면 아주 어린 아이들도 휴대폰이나 태블릿을 어른의 도움 없이 자연스럽게 조작하는 모습을 볼 수 있습니다. 이런 모습을 보면 정말 사람들이 직관적으로 이해할 수 있게 UX를 잘 만들었나 보다 생각하며 감탄하다가도, 만약 내가 휴대폰이라는 기기를 지금 처음으로 써 보게 된다면 나도 저 아이들처럼 잘 조작할 수 있을까 하는 의문이 생기기도 합니다.

혹시 CRIChild-Robot Interaction라는 말을 들어 보셨나요? 아이와 로봇의 상호작용을 뜻하는 말로, 좀 더 보편적인 용어로는 HRI라고 합니다. 이는 Human-Robot Interaction, 즉 사람과 로봇의 상호작용을 말합니다. 몇 년 전에 요즘 아이들의 첫 친구는 가정용 음성 인식 스피커라는 이야기를 들었습니다. 이는 이제 로봇으로 대체되고 있습니다.

많은 사람들이 어린이에게 미디어를 보여 주는 것은 좋지 않은 영향을 줄 수 있다고 생각합니다. 반면 로봇은 어린이들과 다양한 상호작용을 하며 교육적으로나 정서적으로 도움을 줄 수 있는 요소가 많습니다. 그래서 어린이들의 발달을 도와주는 로봇에 대한 연구가 지속적으로 이루어지고 있습니다. 기존에는 자폐와 같이 정서적 어려움을 겪는 아이들을 위한 로봇에 대한 연구가 많았다면, 요즘은 기술의 확산으로 점차 일반 어린이들의 발달을 도와줄 수 있는 소셜 로봇에 대한 연구가 늘어나고 있습니다.

아이들이 기술을 받아들이는 법

아이들은 사람의 모습을 한 로봇을 보아도 거부감 없이 달려가 꼭 끌어안습니다. 어른의 입장에서는 조금 낯설기도, 조금 불편하기도 한 상황인데 말입니다. 하지만 아이들에게 로봇은 TV 리모컨이나 세탁기 같은 기계와는 완전히 다른 대상입니다.

17개월 아기의 밥을 매번 떠먹여 주던 어느 날, 아기가 식사 시간마다 누군가를 찾는다는 것을 알게 되었습니다. 사진 속에 있는 자신의 더 어린 시절 모습, 제일 좋아하는 곰인형, 그림책 속 멍멍이, 그리고 요즘 제일 좋아하는 인형 모양을 한 노래가 나오는 펜. 이것들을

　　　　AI에게 나를 묻다

찾는 이유는 무엇일까요? 바로 자기가 먹는 밥을 그 친구들도 먹어야 한다고 생각했기 때문이었습니다. 어른이 보기에는 조금 유치해 보이고 어설픈 모양을 한 펜마저도 아기의 눈에는 생명을 가진 존재로 보였기 때문에 식사시간이면 그 펜을 찾아 자기 옆에 두고 자기 숟가락에 담긴 음식을 나눠주곤 합니다.

5세 이하의 영유아기 아이들은 아직 세상에 대한 인지가 완전히 발달하지 않은 상태이기 때문에 눈앞에서 움직이고 반응하는 기술을 마치 살아있는 존재처럼 인식하기도 합니다. 특히 사람은 얼굴과 비슷한 시각적 패턴을 아주 빠르게 인식하는 능력이 있습니다. 진화의 관점에서는 원시인이 위험에 노출되면 빠르게 이를 피하기 위해 이런 능력을 갖추게 되었다고 합니다. 숲속에서 나뭇잎이 뭉쳐져 있는 모습을 보고 동물이라고 판단하면 빠르게 위험을 피할 수 있지만 동물을 나뭇잎으로 착각하면 위험에 빠지게 될 수도 있으니 말입니다.

연구에 따르면 많은 어린이들이 함께 게임을 하는 로봇을 지능과 감정을 가진 존재로 믿는다고 합니다. 심지어 로봇에게 도덕적 기대를 품는 경우도 있습니다. 이 실험에서 아이들은 로봇이 '억울하다'고 항의하자 로봇이 부당한 대우를 받았다고 여겼고, 어두운 벽장에 로봇을 가두는 것은 옳지 않다고 답변했습니다. 어른이라면 전혀 생각하지 않을 포인트에서 아이들은 로봇의 입장을 생각하고 걱정해 준 것입니다.

이렇게 아이들은 기술을 사회적 존재로 쉽게 받아들입니다. 이는 인지 발달 단계에서 나타나는 특유의 상상력과 순수함 덕분이라고 할 수 있습니다. 아이들은 현실과 상상의 경계가 아직 모호하므로 인형이나 로봇을 보면 진짜 친구처럼 대합니다. 우리가 아이들에게 인형놀이를 하며 말을 걸면 마치 인형이 말하는 것처럼 듣고 있는 모습을 볼 수 있는 것과 같습니다. 여러 연구에서 이러한 모습을 포착했는데, 유치원 또래의 아이들은 로봇을 대할 때 친구처럼 행동하며, 로봇에게 말을 걸고, 함께 웃고, 포옹까지 하는 등 풍부한 사회적 상호작용을 보여 주었습니다. 아이들은 로봇에게 자신의 이야기를 들려주고, 로봇의 행동을 따라 하거나, 잘 때 부모님에게 인사하듯이 로봇에게 작별 인사를 건네곤 합니다. 이러한 행동들은 아이들이 로봇을 사람과 비슷한 친구로 여기기 때문에 가능한 일입니다.

또한 어른들은 새로운 기술을 접할 때 종종 경계심을 가지지만, 아이들은 상대적으로 순수한 호기심과 동시에 전적인 신뢰를 보여 줍니다. 만약 로봇이 '이건 이렇게 하는 거란다'하고 알려 주면, 아이는 그것을 진지하게 받아들입니다. 3~6세 아이들을 대상으로 한 연구에서, 아이들은 정확한 정보를 주는 로봇을 신뢰하여 심지어 어른보다도 로봇의 말을 더 따르는 경향을 보였습니다. 이는 아이들이 권위나 전문성을 판단하는 방식이 어른과 다르기 때문입니다. 어른은 로봇을 프로그래밍된 기계로 여기지만, 아이는 로봇이 자기에게 알려 주는 내용을 선의로 받아들이고 믿는 경향이 있는 것입니다.

이렇게 아이들은 기술을 단순한 도구가 아니라 함께 놀고 소통하는 대상으로 받아들입니다. 상상력이 풍부한 아이들은 로봇에게 마음을 주고, 기계에도 생명력과 감정을 부여하기도 합니다. 어른의 눈에 로봇은 인간이 만든 기계 중 하나지만 아이들에게는 로봇이 살아 움직이는 존재 중 하나로 보이는 것입니다. 그래서 아이들은 기술에

AI에게 나를 묻다

쉽게 애정을 느끼고 신뢰하며 친구로 여기기도 합니다.

아이들을 고려한 디자인

아이들은 우리의 생각보다 빠르게 많은 것을 흡수하며 열린 마음으로 기술을 받아들이기 때문에, 보다 섬세하게 설계한 기술을 제공해야 합니다. 그러기 위해서는 다음의 네 가지 요소를 고려해야 합니다.

먼저, 인간다운 상호작용을 제공하는 것이 중요합니다. 한창 세상을 배우고 있는 아이들은 기본적으로 인간과 상호작용하는 법을 먼저 익혀야 하기 때문입니다. 또한 아이들은 따뜻하게 말을 걸어 주거나, 열린 태도로 놀아 주는 사람에게 마음을 엽니다. 즉 로봇이나 AI 역시 아이와 대화할 때는 최대한 실제 사람처럼 자연스러운 태도와 반응을 보이며 풍부한 반응을 하는 것이 좋습니다. 로봇이 아이와 눈을 맞추고 고개를 끄덕이거나, 놀랐을 때는 '와!' 하고 감탄하는 등 인간이 하는 다양한 피드백을 사용하면 아이들은 더 몰입할 수 있습니다. 실제 연구에서도 로봇이 시선, 몸짓, 목소리 억양 등 사회적 신호를 아이에게 직질히 보여 줄 때, 학습 몰입도와 로봇에 대한 신뢰가 높아지는 것으로 나타났습니다. 반면에 아무 표정 없이 기계음으로 말하는 로봇은 아이의 흥미를 끌지 못할 가능성이 큽니다. 아이는 사람처럼 웃고 반응하는 로봇에게서 즐거움을 느끼고, 그래야만 그 로봇과 오랫동안 시간을 보내고 싶어 하기 때문입니다.

다음으로 예측 가능한 피드백과 안정성이 중요합니다. 앞서 언급했듯이 아이들은 일관성 있는 반응을 통해 세상을 배우기 때문입니다. 그렇기에 아이들을 위한 기술은 사용자의 행동에 대해 즉각적이고도 예측 가능한 반응을 보여 주어야 합니다. 아이가 같은 질문을 두 번 하면 로봇도 유사한 대답을 두 번 해 주고, 매일 아침 인사를 건네면 빠짐없이 답해 주는 것처럼 말입니다. 이렇게 일관된 상호작용은 아이에게 안정감을 줄 수 있습니다. 특히 자폐 스펙트럼 등 특별한 지원이 필요한 아이들의 경우, 로봇의 예측 가능성이 상호작용을 크게 도와준다는 연구 결과도 있습니다. 교육 전문가들은 로봇이 늘 한결같이 반응해 주기 때문에 아이들이 안심하고 대할 수 있다고 말합니다. 반대로 만약 로봇이 어느 날은 말을 잘 듣다가 어느 날은 갑자기 다른 반응을 보인다면, 아이는 혼란을 느끼거나 흥미를 잃을 수 있습니다. 이렇듯 아이들을 위한 기술에서 신뢰할 수 있는 규칙성은 중요한 요소입니다.

또한 적응형 설계 역시 필수적입니다. 아이들마다 발달 속도와 개성이 다르기 때문에, 기술은 아이의 수준에 맞추어 변화를 주어야 합니다. 예를 들어, 로봇으로 학습 게임을 할 때는 아이의 실력에 따라 문제 난이도를 조절하거나 새로운 도전을 제시할 수 있어야 합니다. 아이들의 수준이나 흥미에 맞춰 친절하게 설명해 주거나, 빠르게 다음 단계로 넘어가는 식의 맞춤형 상호작용이 필요합니다. 이러한 적응형 기술은 아이에게 개인 교사의 역할을 하여 몰입도를 높이고, 동시에 좌절하지 않고 성취감을 느끼도록 도와줄 수 있습니다.

마지막으로 부모와 함께 사용할 것을 추천합니다. 아이가 기술과 관계를 맺는 데 집중하느라 가정과 사회에서 소외되지 않고, 나아가

가족과의 소통에서 다리 역할을 할 수 있어야 하기 때문입니다. 보호자와 함께 기술을 사용하며 아이들은 더 풍부하고 안전하게 기술을 탐색할 수 있습니다. 이는 로봇이 아이와 대화한 내용을 보호자에게 알려 주거나, 아이와 보호자가 함께 할 수 있는 놀이를 제안하는 방식으로 구현할 수 있습니다.

많은 연구를 통해 로봇과 AI가 아이들의 학습과 정서 발달을 돕는 도구로써는 효과적이지만, 인간과의 상호작용을 대신할 수는 없다는 사실이 밝혀졌습니다. 아이에게 가장 큰 영향을 주는 것은 주변 환경과 교육이며, 기술은 그 빈틈을 메워 주는 조력자에 머물러야 한다는 것입니다. 그렇기에 아이들을 위한 기술은 부모와 아이가 함께 사용할 수 있도록 공동 놀이 모드, 혹은 부모가 아이를 더 이해하고 관리할 수 있게 도와주는 기능 등을 포함해야 합니다. 그래야 아이가 기술과 함께하면서도 현실의 인간관계와 단절되지 않을 수 있습니다.

기술이 채워 줄 수 있는 부분

이렇게 섬세하게 설계된 기술들은 아이의 발달에 어떠한 긍정적인 영향을 줄 수 있을까요? 최근의 연구들은 언어 발달, 감정 표현 및 자기 조절 능력, 사회성 증진에 기술에 주목하고 있습니다.

언어 발달에는 어른의 일상적인 대화를 많이 듣는 것이 좋다고 하여 종종 아이와 함께 AI 챗봇을 켜 놓고 음성 대화를 하곤 합니다. 아이의 언어 발달에 도움을 주는 기술을 다룬 연구 역시 다양하게 이루어지고 있습니다. 한 연구에서 아이들은 프랑스어 동화를 들려주는 로봇 선생님과 함께 새로운 단어들을 배우는 실험을 했습니다. 한편, 다른 아이들은 같은 동화를 태블릿 화면과 녹음된 음성으로만 접했습니다. 그 결과 로봇과 학습한 아이들이 뇌파상으로 더 활발한 학습 징후를 보였고, 이후 실시한 단어 테스트에서도 더 높은 점수를 받았습니다.

이처럼 소셜 로봇과 함께하는 언어 학습은 아이들의 몰입을 높이고 동기를 부여하여 학습 효과를 끌어올릴 수 있습니다. 또 다른 연구에서는 아이들이 로봇을 또래 친구처럼 여기며 로봇이 쓰는 단어나 표현을 자연스럽게 따라 배우는 현상도 관찰되었습니다. 이렇게 언어 발달 측면에서 로봇과 AI 기술은 이미 여러 실험을 통해 긍정적 효과가 검증되고 있습니다.

감정 표현과 자기 조절 능력을 발달시키는 데는 따뜻한 로봇 친구가 도움이 됩니다. 보스턴 어린이병원에서는 '허거블'이라는 털북숭이 곰 로봇을 아이들에게 친구로 소개하는 실험을 했습니다. 허거블은 아이와 대화도 하고, 재밌는 농담이나 숨바꼭질 놀이도 해 주는 소셜 로봇입니다. 연구진이 허거블과 함께 논 아이들과, 그냥 일반 봉제 곰인형이나 태블릿 속 가상 캐릭터와 논 아이들을 비교해 본 결과, 허거블과 논 아이들은 더 즐겁다고 말했고, '다시 놀고 싶다'고 대답한 비율 역시 더 높게 나타났습니다. 녹화된 영상을 분석해 보니 허거블을 만난 아이들 그룹이 웃음과 행복한 표현을 가장 많이 보였고, 심지어 부모들은 아이가 허거블과 놀고 난 뒤에는 통증이나 불안이 줄었다고 느꼈습니다.

무엇보다 흥미로운 사실은 아이들이 허거블을 정말 친구처럼 여겼다는 점입니다. 어떤 아이는 허거블에게 자기 베개를 내 주며 편히 쉬라고 하고, 로봇을 꼭 안아 주기도 했습니다. 낯선 병원 환경에서 허거블이 아이들에게 정서적 안정감을 준 것입니다. 이 사례는 기술이 아이들의 감정 조절에 도움을 줄 수 있음을 보여 줍니다. 이처럼 감정 표현과 자기 조절 능력 분야에서도 기술은 아이들에게 긍정적인 도구가 될 수 있습니다. 중요한 것은 로봇이나 AI가 항상 공감하는 태도로 안정감 있게 아이의 감정을 받아 주고, 필요할 때 차분히 안내해 주는 것입니다. 그렇다면 아이는 기술을 통해 자신의 감정을 알아차리고 표현하는 법, 속상한 기분을 다독이는 법을 배울 수 있습니다.

사회성 증진의 측면에서는 아이들이 다른 아이와 함께 노는 법, 차례를 기다리는 법, 남의 감정을 이해하는 법 등 다양한 사회의 규칙을 배우며 자기만의 기준을 세우는 데 로봇이 도움을 줄 수 있습니다. 한 연구에서는 자폐 스펙트럼을 가진 아이들이 한 달 동안 매일 30분씩 소셜 로봇과 상호작용하게 했습니다. 로봇은 아이와 차례로 이야기를 나누는 게임을 하고, 표정 읽기 연습도 하고, 이야기 속 등장인물의 감정을 추측해 보는 등 사회적 기술 훈련을 돕는 역할을 했습니다. 한 달 후, 연구팀의 관찰 결과 아이들의 눈 맞춤과 의사소통 능력이 눈에 띄게 향상되었고, 감정 이해나 순서 지키기 같은 사회적 기술 점수도 올라갔습니다. 로봇과의 연습이 끝난 뒤에도 그 효과가 이어져 부모와 치료사들이 아이의 사회적 행동의 발전을 실제 생활에서 확인할 수 있습니다. 이처럼 로봇은 아이에게 사회적 상호작용을 연습하는 데 도움을 줄 수 있습니다. 사람과 직접 대면하면 주눅들 수 있는 아이도, 로봇 앞에서는 비교적 안심하고 눈을 마주치며 편안하게 대화 연습을 할 수 있었던 것입니다. 로봇은 판단하거나 꾸짖지 않고 친구가 되어 주기 때문에 아이들은 실수해도 위축되지 않았습니다.

아이들이 기술을 받아들이는 방식은 세상의 다른 많은 것들을 받아들이는 방식과 크게 다르지 않습니다. 기술은 특별한 존재가 아니라, 일상을 이루는 요소 중 하나일 뿐입니다. 어릴 때부터 기술과 함께 자라는 것을 걱정하는 시선도 있지만, 열린 마음으로 세상을 흡수하는 아이들에게 기술은 때로 든든한 친구가 될 수 있습니다. 사람과의 접촉이 줄어들고 주변 환경이 빠르게 변하는 시대에서 기술은 아이들이 세상을 탐색하는 새로운 감각을 만들어 줍니다. 중요한 것은 기술이 세상을 대신하는 것이 아니라, 아이가 세상을 배우고 확장할 수 있도록 곁을 지탱해 주는 방식으로 쓰여야 한다는 점입니다. 우리가 섬세하게 기술을 설계한다면 아이들의 발달 과정에 있는 작은 부족함을 메우고 새로운 가능성을 열어 주는 조용한 동반자가 될 수 있습니다.

노화와 기술의 거리

망설임과 학습

영화 《은교》에서 늙은 시인은 이렇게 말합니다.

"너희 젊음이 너희 노력으로 얻은 상이 아니듯, 내 늙음도 내 잘못으로 받은 벌이 아니다."

나이듦은 누구에게나 찾아오는 자연스러운 과정입니다. 그러나 카페의 키오스크, 해외 여행에서 앱으로 택시 잡기 등 처음 접한 새로운 기술 앞에서 사람들은 '나이가 많아서' 혹은 '젊은 사람들의 영역'이라는 생각 때문에 자주 망설이곤 합니다.

그렇지만 삶은 이어집니다. 우리는 젊음의 시간을 지나서도 보고, 듣고, 배우며 세상을 경험합니다. 나이가 들어서도 내 삶의 경험을 넓히기 위해 새로운 것들과 기술을 배워야 할 때가 있습니다.

　한 모임에서도 이와 비슷한 이야기를 들었습니다. 기기 설비를 오래 해 오신 아버지가 아들에게 AI를 본인의 일에 활용하고 싶으니 사용법을 알려달라고 했습니다. 그 말을 들은 개발자인 아들은 고민 끝에 설명하기를 포기했습니다.

　이 결말을 들으니 한 가지가 궁금해졌습니다. 아들은 기술을 누구보다 잘 알고 있는 전문가인데 왜 아버지에게 AI 사용법을 설명하지 못했을까요? 그는 본인이 기술 전문가였기 때문에 더욱 더 설명하기 어려웠다고 답했습니다. 아버지에게 사용법을 어디부터 어디까지 설명해야 하고, 그것을 얼마나 쉽게 설명해야 하는지 감을 잡을 수 없었습니다. 그리고 무엇보다도 아버지가 AI를 재미로 사용해 보고 싶은 것이 아니라 업무에 활용하고 싶어 했기 때문에 기술을 알려 주는 것이 더 어려웠다고 합니다. 아들은 아버지가 업무에 쓸만한 기능을 쉽게 알려 드리고 싶었지만, 그것이 무엇인지 알 수 없어서 AI의 개념부터 하나씩 설명해야 할 것 같은 부담감이 들었던 것입니다. 그런데 이 방식은 아버지가 원하는 설명은 아니였습니다. 아버지는 자신의 생활을 도와줄 수 있는 기술과 설명이 필요했기 때문입니다.

　여기서 우리는 기술 학습의 본질을 살펴볼 수 있습니다. 사람들은 기술이 자신과 무관하다고 느껴지는 순간, 배움의 필요성을 느끼지 못합니다. 하지만 나에게 직접적으로 도움이 된다고 생각한 기술은 더 쉽게 받아들일 수 있습니다. 기술 학습은 단순히 버튼을 익히고 설명서를 이해하는 것이 아니라, '내가 이걸 써도 되는 걸까?'라는 방어기제와의 싸움인 것입니다. 고령자들에게 기술을 설명할 때에도 이런 부분을 고려해야 합니다.

　　　　　　AI에게 나를 묻다

생물학적으로 나이가 들면 학습 속도는 느려집니다. 기억력이나 정보 처리 속도가 전과 같지 않기 때문입니다. 하지만 신체 기능의 약화가 곧 배움의 장벽이 되지는 않습니다. 한 연구에서 새로운 정보를 학습할 때 노년층의 기억력이 개선되는지에 관한 실험을 진행했습니다. 실험 참가자들은 사진이나 퀼트처럼 새롭고 어려운 기술을 배우는 그룹과 단순히 사람들과 어울리거나 쉬운 활동을 하는 그룹으로 나뉘었습니다. 예상 외로 사회적 활동만으로는 기억력이 크게 좋아지지 않았습니다. 그보다는 새로운 것을 배우기 위해 꾸준히 노력하고 두뇌를 사용한 그룹의 기억력이 좋아졌습니다.

우리는 일상에서도 비슷한 경험을 합니다. 낯선 도시를 걷다 보면 그 도시의 건물 색, 음식의 맛, 지나가는 사람들의 표정이 눈에 더 잘 들어옵니다. 그리고 시간이 지나도 그때 봤던 것들이 꽤 잘 기억납니다. 눈 앞에 보이는 새로운 것들이 매 순간 기록해야 할 장면으로 느껴지기 때문입니다. 만약 우리가 그 새로운 것을 배우려고 한다면 기억하려는 마음이 더 커질 것입니다.

나이가 들어서도 인간의 이런 모습은 변하지 않습니다. 그래서 우리는 삶의 기억력을 위해 나이가 들어도 새로운 것을 배우고 도전해야 합니다. 물론 나이와 상관없이 새로운 도전은 늘 쉽지 않습니다. 특히 일반적으로 기술은 어려운 것이라는 인식이 있기 때문에 우리가 나이 들어서 새로운 기술을 배우기 위해서는 더 큰 용기가 필요합니다. 어느 나이대에서나 도전은 쉽지 않습니다. 젊은 사람들도 새로운 기술을 배울 때 잘 해낼 수 있을지 걱정하는 경우가 많습니다. 그리고 나이가 들면 이런 걱정 때문에 주저하고 망설이는 경우가 더 많아집니다.

문제는 심리적 거리감

노인들에게 기술은 단순히 기능이 복잡해서 어려운 존재가 아닙니다. 진짜 장벽은 심리적 거리감에 있습니다. '나와 관련 없다'는 생각이 드는 순간 자신감이 줄어들며 배움의 의지를 상실하게 됩니다. 자신감이 부족하면 같은 일도 훨씬 어렵다고 받아들입니다. 더구나 우리는 나이가 들면서 피드백을 받아들이는 방식도 달라집니다.

칭찬과 지적은 나이에 따라 효과가 다르게 나타납니다. 한 연구에서는 어떤 것을 배우는 과정에서 칭찬과 지적이 학습 효과에 어떠한 차이를 만들어 내는지 알아보았습니다. 그 결과 참가자의 반 정도에게는 칭찬과 지적 모두 좋은 효과를 보였습니다. 하지만 나머지 반에게서는 나이에 따른 차이가 나타났습니다. 젊은 사람들은 칭찬이 효과를 보였지만, 나이가 많은 사람들은 칭찬이 효과가 있는 사람과 지적이 효과가 있는 사람 두 부류로 나뉜 것입니다. 이렇게 기술을 배울 때에는 나이에 따라 신경쓰는 정보도 차이가 날 수 있습니다.

또한, 같은 문제 상황에서도 나이에 따라 문제의 원인을 받아들이는 방식이 다릅니다. 노인들은 시스템의 문제 앞에서도 '나의 잘못'으로 여기는 경우가 많았습니다. 하지만 실제 실험에서는 젊은 층이 노년층보다 더 많이 오류를 내는 경향이 있었습니다. 젊은 층은 빠르게 사용하고 즉각적으로 판단하느라 실수가 더 잦았고, 노년층은 오히려 한 페이지에 오래 머무르며 신중하게 확인했기 때문에 실수가 적었습니다. 그럼에도 노년층이 시스템에 오류가 생겼을 때 자신을 탓하는 비율이 높았습니다. 시스템의 구조가 복잡하고 글씨도 작을 때는 정보를 확인하는 것조차 쉽지 않기 때문에 시력과 관련된 요소에 민감한 노년층은 시스템 문제를 겪을 확률이 높습니다. 그런데 이런 문제 상황이 발생하면 노년층은 자신을 탓하게 됩니다. 이렇게 정신적, 환경적 요인으로 인해 노년층은 점점 기술의 발달 앞에서 자신감이 낮아진 것입니다.

이런 현상 뒤에는 나이에 대한 고정관념이 숨어 있습니다. 고정관념은 우리의 마음과 행동에도 영향을 줍니다. 한 연구에서 참가자들에게 긍정적인 단어와 부정적인 단어를 아주 빠르게 화면에 노출하는 실험을 했습니다. 사람들은 단어를 확실히 인지하지 못했더라도 무의식중에 영향을 받아 필체가 달라졌습니다. 부정적인 단어를 본 사람들의 필체는 불안정하고 나이가 들어 보이는 느낌이 들었지만, 긍정적인 단어를 본 사람들의 필체에서는 자신감 있고 젊은 활력이 느껴졌습니다.

심지어 단어의 어감은 우리의 마음가짐에도 영향을 미쳤습니다. 심각한 병에 걸렸다고 가정한 상황에서, 긍정적인 단어를 본 노인들은 생명을 연장하는 치료를 받겠다고 했고, 부정적인 단어를 본 노인들은 치료를 거부하는 경우가 많았습니다. 일상에서도 나이에 관련된 부정적인 메시지를 자주 접하면, '나이가 들어서 당연히 그렇다'라는 부정적인 고정관념이 더 강해질 수 있습니다.

나이가 들수록 평소에 어떤 생각을 하고 있는지, 스스로를 얼마나 믿고 있는지가 건강이나 능력에 영향을 미칩니다. 할 수 있다고 믿으면 도움이 되지만, 미리 겁먹고 방어적인 태도를 가지면 새로운 기술에 적응하기가 어려워집니다. 이런 나이에 대한 생각은 개인이 혼자 만들어 낸 것이 아니라, 주변 사람들, TV, 책 같은 미디어를 통해 보고 들은 내용들이 쌓이면서 자연스럽게 형성됩니다. 그리고 이렇게 만들어진 인식은 실제 행동에도 영향을 줍니다. 그래서 노화는 몸의 변화뿐만 아니라, 사회와 미디어가 함께 만들어 낸 결과이기도 합니다. 이런 사회적 노화는 노인들이 기술을 더 어렵고 낯설게 느끼게 만듭니다. 따라서 나이가 들수록 개인이 기술에 대한 거리감을 줄이려는 노력도 중요하지만, 동시에 사회가 기술을 덜 두렵고 더 가까운 존재로 느끼게 만들어 주는 노력도 필요합니다.

새로움은 함께 배우는 것

노인들이 지금의 AI를 어렵게 느끼는 이유는 잘못 조작하면 무슨 일이 일어날지 모른다는 막연한 불안감 때문입니다. 노인들에게 AI와 대화하는 것은 마치 시험을 보는 것과 같습니다. 한 마디 실수라도 하면 엉뚱한 대답이 돌아오고 그 이유도 알 수 없습니다. 어떤 사람들에게는 이런 상황이 단순히 귀찮은 것이 아니라 위험하다고 느껴질 수도 있습니다. 이런 경험이 쌓이면 기술은 위험하고 불확실한 것이라 생각하면서 자연스럽게 기술과 거리가 멀어집니다.

그런데 요즘 많은 노년층들이 설명서를 읽기보다 사용법을 검색

AI에게 나를 묻다

해 보거나 직접 누르며 시도하는 방식을 선호한다고 합니다. 실수를 두려워하지 않고 직접 해 보는 태도는 노년층이 기술에 소극적이라는 고정관념을 깨는 중요한 요소입니다. 다만 이 실험 정신이 발휘되려면 실수해도 괜찮다는 심리적 안정감과 언제든 다시 시작할 수 있다는 믿음이 필요합니다.

새로운 기술은 혼자서 부딪히는 것보다 남들과 함께 배울 때 훨씬 더 쉽게 받아들일 수 있습니다. 기술을 배우는 일은 단순히 지식을 습득하는 과정이 아니라, 누구와 함께 배우느냐에 따라 경험의 질이 달라지는 사회 활동이기 때문입니다. 그래서 대부분의 노인들은 가족과 함께 기술을 배울 때 적극적으로 임합니다. 최근에는 주변에서 부모님께 몇 시간 동안 챗GPT 사용법을 알려 드렸다는 일화도 쉽게 들을 수 있습니다. 누군가 옆에서 '괜찮아요, 잘하고 있어요'라고 말해 주는 환경이 갖춰지면 좀 더 쉽게 기술을 배울 수 있습니다. 그리고 노화에 대한 인식도 중요합니다. 노화를 긍정적으로 받아들일수록 기술을 사용할 때 더 편안함을 느끼고 자신감도 높아진다는 연구 결과도 있습니다.

노년층이 기술을 수용할 때 중요한 것은 '이 기술이 내 삶을 어떻게 바꿀까?'라는 상상력이 열리는 순간입니다. 사람들이 새로운 것을 배우는 이유는 두 가지입니다. 즐겁고 궁금할 때와 나에게 도움이 될 때입니다.

얼마 전 인스타그램에서 70세가 넘어 한글을 배운 할머니가 쓴 시를 봤습니다. 할머니가 유방암 진단을 받았을 때 울면서 5년만 더 살라고 말한 할아버지가 먼저 세상을 떠났습니다. 그녀는 손주 결혼식에서도 울었고, 아들과 며느리가 맛있는 음식과 좋은 옷을 사 줘도 울었습니다. 그 시는 눈물의 이유를 설명하면서 이렇게 끝납니다. 오직 한 사람, 남편이 없어서.

그녀는 늦은 나이에 남편의 적극적인 지원으로 한글을 배웠고, 먼저 간 남편에게 보내 주겠다는 생각으로 이 시를 썼다고 합니다. 남편 덕분에 배웠던 새로운 것은 그를 기억할 수 있는 시가 되었습니다. 할머니가 '이제 와서 뭐 해'라는 생각으로 한글을 배우지 않았다면, 할아버지의 적극적인 응원이 없었다면, 그녀의 생각과 마음은 세상에 나오지 못했을 것입니다. 이처럼 배움은 나이가 들어서도 우리가 사는 세상의 범위를 넓혀 주고, 나를 표현할 수 있게 해 줍니다. 그리고 이런 배움은 혼자보다 함께 배울 때 더 쉽게 만날 수 있습니다.

할머니가 한글을 배웠던 것처럼, 새로운 기술을 배우는 일은 사회 속의 나를 표현할 수 있는 가능성을 넓히는 일입니다. 그래서 노인이 되어 기술을 잘 쓴다는 것은 모든 기능을 다 아는 것을 뜻하지 않습니다. 중요한 것은 그 기술이 일상의 문제를 조금 가볍게 만들어 주고, 사회적 연결과 자존감을 유지하는 데 도움이 된다고 느끼는지입니다. 이를 위해서는 실수해도 괜찮은 환경과 시스템이 갖춰져야 하며, 함께 배우는 관계적 경험도 필요합니다. 무엇보다 사회적으로 노화를 긍정적으로 바라볼 수 있도록 도와주는 과정이 있어야 합니다. 이런 조건들이 갖춰질 때, 기술은 부담스러운 숙제가 아니라 나이와 상관 없이 우리의 세상을 넓혀 주는 변화가 됩니다.

 AI에게 나를 묻다

잠재력을 키우는 AI

다름을 받아들이는 사회

혹시 신경다양성Neurodiversity이라는 말을 들어보셨나요? 최근 다양성에 대한 사회적 관심이 높아지면서 새로 생긴 표현 같지만, 사실 이용어는 1990년대부터 사용되어 왔습니다. 접근성 관련 업무를 하는 분들에게는 익숙한 표현이겠지만, 대중에게는 아직 조금 생소한 단어일 수도 있습니다.

1998년, 호주의 사회학자 주디 싱어가 처음 제안한 이 개념은 신경발달 장애를 병리적인 문제로만 보지 않고, 다양한 사고와 경험의 방식으로 인식하려는 목적에서 시작했습니다. 이러한 인식은 싱어의 개인적인 경험에서 비롯되었습니다. 그는 어머니와 딸의 자폐 스펙트럼 장애를 지켜보며, 사회에서 통용되는 '정상'이라는 기준에 맞추려는 시도가 이들에게 오히려 폭력적이고 차별적이라는 점을 알게 되었습니다. 그녀는 신경다양성을 성별이나 인종과 같은 또 하나의 정체성으로 보았고, 이를 교차성intersectionality이라는 관점으로 설명했습니다. 이후 많은 이들의 노력으로 신경다양성은 하나의 패러다임 전환으로 여겨지게 되었습니다. 이는 단일한 '정상적인' 두뇌 기능만이 옳은 것이 아니라는 관점이며, 다름 자체를 가치 있는 다양성으로 인정하자는 움직임입니다.

우리가 흔히 알고 있는 자폐 스펙트럼 장애ASD, 주의력 결핍 과잉행동 장애ADHD 외에도 다양한 신경학적 차이를 포괄하는 이 개념은 놀랍게도 전 세계 인구의 15~20%가 겪고 있을 것으로 추정됩니다. 적지 않은 수인 이들의 특성을 이해하는 것은 기술과 서비스를 설계하는 데에 방향성을 제시합니다. 이와 관련하여 주요 유형별 특징과 필요한 도움을 정리해 보았습니다.

사회적 상호작용과 주의력의 차이

- **자폐 스펙트럼 장애ASD**: 사회적 상호작용과 의사소통에 어려움이 있고, 반복적인 행동이나 특정 분야에 대해 강한 관심을 보입니다. 감각 자극에 예민한 경우가 많기 때문에 예측 가능하고 일관된 환경을 선호합니다.
- **주의력 결핍 과잉행동 장애ADHD**: 주의력이 쉽게 분산되어 집중력이 부족하고 과잉 행동, 충동성을 보이는 특징이 있습니다. 지속적으로 집중하기 어렵기 때문에 구조화된 환경과 명확한 지침이 필요하며, 불필요한 시청각 자극을 최소화한 인터페이스를 설

   AI에게 나를 묻다

계하는 것이 도움이 됩니다.

학습과 정보 처리의 차이

○ **난독증**Dyslexia: 읽기와 쓰기에 어려움을 겪습니다. 따라서 글자 크기를 키우고, 충분한 자간과 행간, 그리고 장식적 요소가 없는 단순하고 명확한 디자인의 폰트를 사용하여 가독성을 높여 주는 것이 좋습니다.

○ **난산술증**Dyscalculia: 수학적 개념을 이해하거나 계산을 하는 데 어려움을 느낍니다. 숫자로만 된 정보보다는 보조 시각 자료와 단계별 해결 지침을 제공하면 도움이 됩니다.

○ **난서증**Dysgraphia: 글씨를 쓰는 행위 자체를 어려워합니다. 직접 필기하는 것보다 타이핑이나 음성 입력과 같은 대체 수단을 제공하는 기술적 배려가 필요합니다.

○ **난명증**Dysnomia: 단어나 명칭이 혀끝에서 맴돌기만 하고 즉각적으로 떠올리지 못하는 증상입니다. 모호한 표현 대신 분명한 용어를 사용하고, 중요한 정보를 반복해서 제시하면 도움이 됩니다.

신체 조절과 언어 표현의 차이

○ **발달성 언어 장애**DLD: 언어를 이해하고 사용하는 데 어려움을 겪습니다. 복잡한 문장보다는 명확하고 간결한 언어를 사용하고, 시각적 이미지를 함께 제공하면 도움이 됩니다.

○ **운동 협응 장애**Dyspraxia: 운동 조절 능력이 저하되어 일상적인 동작을 수행하는 데 어려움을 겪습니다. 작은 버튼을 클릭하는 것과

같이 세밀하게 조작해야 하는 작업 시, 단계적인 지침과 충분한 연습 시간을 주는 것이 좋습니다.

○ **투렛 증후군**Tourette Syndrome: 본인의 의지와 상관없이 반복적인 행동이나 소리를 내는 틱Tic 증상이 특징입니다. 스트레스와 피로를 줄여주는 환경 설계가 도움이 되며, 무엇보다 틱에 대한 주변의 이해와 있는 그대로 수용해 주는 사회 차원의 배려가 중요합니다.

다양성을 배려하는 법

앞서 설명한 신경다양성의 개념을 이해했다면, 이제 실생활에서 배려하고 적용하는 방법이 과제입니다. 특히 제품이나 서비스를 설계할 때 신경다양인을 고려하면 접근성이 크게 향상될 수 있습니다. 이와 관련하여 대표적으로 영국 정부가 배포한 '접근성 디자인을 위해 해야 할 것과 하지 말아야 할 것Dos and Don'ts on designing for accessibility'에 관한 가이드라인을 살펴보겠습니다. 이 가이드라인에서 핵심적으로 강조하는 것은 크게 네 가지입니다. 즉, 불필요한 자극을 최소화하고, 명료하게 소통하며, 사용자가 환경을 직접 제어할 수 있는 권한을 부여하고, 예측 가능한 정보 구조를 설계하라는 것입니다.

먼저, 불필요한 자극을 최소화하기 위해서는 지나치게 밝고 강한 색상, 깜빡이는 애니메이션이나 빛, 시끄러운 소리 등을 피해야 합니다. 대다수의 신경다양인은 감각 자극에 민감합니다. 따라서 불가피

하게 여러 자극을 설계하더라도, 사용자가 화면의 깜박임을 멈추거
나 소리 크기를 조절할 수 있는 옵션을 반드시 추가해야 합니다.

둘째로, 명료하게 소통하기 위해서는 비유나 관용구 같은 모호한
표현 대신, 직설적이고 쉬운 표현을 사용해야 합니다. 짧고 간결한
문장을 사용하고 중요한 정보는 시각적으로 강조하는 등 긴 글을 읽
기 힘든 사용자가 한눈에 핵심을 파악할 수 있도록 배려해야 합니다.

셋째로, 다양한 사용자의 특성을 고려하기 위해서는 사용자에게
스스로 본인에게 적합한 환경을 설정할 수 있는 권한을 주어야 합니
다. 글자 크기, 폰트, 배경색과 글자색 대비 등을 조절할 수 있는 옵션
을 제공하면 각자가 본인에게 맞는 방식으로 인지 부하를 최소화 할
수 있습니다.

마지막으로 사용자가 정보 구조를 예측 가능하게 하기 위해서는
정보의 중요도에 따른 배치와 일관성 있는 내비게이션을 제공하는
것이 필요합니다. 예측하기 어려운 정보 구조는 사용자를 포기하게
만들 수 있기 때문에 현재 사용자가 전체 흐름 중 어느 지점에 있고,
다음에는 무엇을 해야할지 명확하게 알려주는 것이 중요합니다.

이러한 원칙에 따라 설계하면 신경다양인뿐 아니라 디지털 기기
에 익숙하지 않은 노년층이나 기술을 처음 접하는 사용사까지 배려할
수 있어 많은 사람들에게 기술을 편안하게 이용할 수 있는 환경을 제
공하게 됩니다. 물론 주의할 점도 있습니다. 바로, 여러 신경다양성의
조건들이 상충하는 경우입니다. 자폐 성향의 사용자는 단순하고 차
분한 화면이 필요한 반면, 누군가는 중요한 정보를 잘 기억하기 위해
강렬한 시각적 알림이 필요할 수도 있기 때문입니다. 따라서 한 가지

가능성에만 무게를 두지 않고 주요 타깃 사용자를 대상으로 테스트를 하고, 구체적인 피드백을 듣고 최적의 균형점을 찾아가야 합니다.

나의 뇌, 감각, 사고가 되어 주는 AI

AI 기술의 발전은 신경다양성을 가진 사람들의 일상과 학습, 업무를 지원하는 새로운 가능성을 열고 있습니다. 학계에서는 AI가 신경다양인에게 어떤 도움을 줄 수 있는지에 대한 연구가 많아지고 있으며, 기업에서는 이러한 AI 기술을 빠르게 현장에 도입해 포용성 있는 기업환경을 만들고자 노력하고 있습니다.

학계의 큰 이슈 중 하나는 자폐인의 의사소통과 사회적 상호작용을 개선하기 위해 AI를 활용하는 것입니다. 얼굴 인식을 통해 상대방의 감정을 알아차리고 이를 자폐인 사용자에게 알려 주는 스마트 안경과 같은 기술, AI 기반 소셜 로봇을 이용해 자폐인 사용자의 적극적인 의사소통을 이끌어 내는 것 등이 대표적인 사례입니다. 이런 AI 보조 기술들은 사회적인 신호를 해석하거나 자신의 생각을 말로 표현하는 것에 어려움을 느끼는 자폐인들의 상호작용을 도와줄 수 있습니다.

ADHD의 가장 큰 특징인 집중력과 실행기능 문제를 보완할 수 있는 AI의 역할 역시 좋은 연구 과제입니다. 특히 게임을 통한 훈련이나 인지 훈련 프로그램이 많이 개발되고 있습니다. 2020년 미국 FDA 승인을 받은 엔데버RX라는 ADHD 치료 게임은 아이들의 주의 집중력을 유의미하게 개선할 수 있다는 연구 결과를 내놓기도 했습니다. 이 게임은 AI가 실시간으로 게임의 난도와 자극을 조절하여 사용자에게 맞춤형 훈련을 제공하는 것이 특징으로, 특히 ADHD가 있는 어린이들의 객관적 주의력 지표를 유의미하게 향상시키는 효과를 보여 주었습니다. 또한 뇌파 기반 AI를 훈련에 활용해 ADHD 아동의 뇌 활성 패턴을 조절하여 충동적인 성향을 개선한 사례나, 코그니핏과 같은 인지훈련 프로그램을 통해 ADHD 성인의 작업 기억력과 집중 지속 시간을 향상시킨 사례도 있습니다.

신경다양인들의 문자 인지 능력을 개선하기 위해 AI를 활용하는 것도 주목받고 있습니다. 텍스트를 음성으로 읽어 주는 TTS 기술이나 음성을 문자로 변환하는 STT 기술은 난독증이 있는 사람들의 읽고 쓰는 부담을 크게 줄여 줍니다. 마이크로소프트의 이머시브 리더Immersive Reader와 같은 AI 도구를 활용한 연구에서 난독증 학생들의 읽기 속도와 정확도가 유의미하게 향상된 사례도 있습니다. 이러한 AI 기반 읽기 보조는 교사의 일 대 일 지도가 어려운 상황에서도 개별 학습자에 맞춘 도움을 제공하여 조기 개입 효과를 높일 수 있다고 합니다. 또한 시선 추적 데이터나 철자 오류 패턴 등을 분석해 문자 인지 장애를 조기에 판별하는 데에도 AI를 활용할 수 있습니다. 이런 기술들은 신경다양성을 조기에 알아차리게 도와주어 적절한 지원을 빠르게 제공할 수 있다는 점에서 의미가 큽니다.

신경다양인들은 불안이나 우울과 같은 정서적 어려움이나 감각 과부하를 함께 겪기도 합니다. 이런 부분을 해소해 주기 위해 AI 챗봇을 활용하는 인지행동치료도 학계의 연구 주제 중 하나입니다. 사용자와 대화하면서 걱정을 덜어주고 감정을 조절하도록 도와주는 AI 챗봇은 이미 많은 사람들이 활용하고 있습니다. 또 AI 기반의 소음 제거 이어폰이나 환경 센서를 통해, 감각처리장애를 가진 사람들에게 과도한 소음이나 빛을 조절해 주는 기술도 개발되고 있습니다.

AI는 방대한 데이터를 학습하고 실시간으로 적응하는 능력이 있기 때문에 여러 가지 신경다양인 각자에게 개인화된 지원을 해 줄 수 있습니다. 물론 아직 초기 단계인 연구들이 많고 윤리적 이슈나 지속적 효과 검증 등 해결해야 할 과제도 남아 있지만, 의사소통, 학습, 행동 지원 등 여러 측면에서 AI 도구가 신경다양인의 강점을 살리고 약점을 보완하는 사례들이 점차 많아지고 있다는 것은 긍정적인 신호라고 생각합니다.

다양성을 중시하는 요즘 사회에서는 기업들도 신경다양인들과 함께 일하기 위해서 AI를 활용하는 것에 적극적인 움직임을 보여 주고 있습니다.

로이스 카스티요는 Work&Life와의 인터뷰에서 모든 잠재적 고용주에게 '자신이 업무를 잘 수행하기 위해서는 AI 도구가 필수적'이라고 말합니다 난독증을 앓고 있는 카스티요는 디지털 광고 플랫폼 회사 베이시스 테크놀로지Basis Technologies에서 다양성, 형평성 및 포용성 책임자로 일하며 AI를 적극적으로 활용해 우수한 성과를 내고 있습니다. 카스티요는 그래머리와 같은 AI 도구로 단어 및 철자 검사를 하고, 챗GPT를 사용해 생각을 정리하며, 캔바의 AI 도구로 프레젠테이션 자료를 준비합니다. 오터AI를 이용해 그의 생각을 정확한 철자와 문장으로 기록합니다. 그는 신경다양성을 가진 사람들에게 AI의 역할이 얼마나 중요한지를 강조하며, 고용주가 이와 같은 필요성을 이해하고 AI 도구 사용을 적극적으로 지원해 주어야 한다고 주장합니다.

기업 환경에서 신경다양성인들을 보조하기 위해 사용되는 대표적인 서비스는 AI 글쓰기 도구들일 것입니다. 예를 들어 그래머리나 리드앤드라이트Read&Write는 문법 및 철자 오류를 교정해 줄 뿐만 아니라, 단어나 문장 표현을 더 쉽게 다듬도록 제안해 줍니다. 앞에서 언급했듯이 게임형 학습 프로그램도 많은 연구가 진행되고 있는데, 그중 디졸브의 경우 대화형 게임을 통해 난독 증상을 완화시켜 주는 효과를 보였습니다. 이런 능동적 훈련 도구의 등장은 AI가 단순 보조를 넘어 신경다양성으로 인한 어려움을 근본적으로 완화시킬 수도 있다는 가능성을 보여 주는 좋은 사례입니다.

카스티요가 활용하는 오터AI와 같은 AI 기반 자동 기록 서비스는 회의나 강의 내용을 실시간으로 텍스트로 받아쓰고 요약까지 해 줍니다. 메모에 어려움을 겪는 사람들을 도와주며 대화 내용에 집중할 수 있는 환경을 만들어 주기 때문에 신경다양인들은 그들의 인지자원을 사회적 맥락을 파악하는 데에 온전히 사용할 수 있게 됩니다.

많은 신경다양인늘이 계획을 짜거나 시간을 관리하는 능 조직적인 사고에 어려움을 겪는다고 합니다. 이런 부분을 지원하기 위해 AI 가상 비서와 생산성 도구들이 활용되고 있습니다. 예를 들어 구글 어시스턴트, 알렉사 같은 음성 비서는 일정을 알려 주거나 해야 할 일들을 챙겨 주고, 중요한 일을 잊지 않도록 알려 줍니다. 또 깃마인드GitMind와 같은 AI 마인드맵 도구는 복잡한 아이디어를 시각적 구조로 정리해 줍니다. 이를 통해 생각나는 대로 적은 아이디어들을 AI가 연관성 있게 재배치하여 체계적인 구조를 제안해 줍니다. 이외에도 챗GPT와 같은 생성형 AI를 브레인스토밍 파트너로 활용해 아이디어를 정리하거나 아예 아웃라인 작성을 도와달라고 부탁할 수도 있습니다.

기업들은 직원 개개인의 다른 부분을 AI를 통해 지원해 주려는 움직임을 보이고 있습니다. 앞서 언급한 카스티요의 사례처럼, 일부 조직은 그래머리나 오터AI, 챗GPT 구독 비용을 회사가 부담하면서 직원들이 자유롭게 사용할 수 있도록 지원해 주고 있습니다. 이는 신경다양인 직원이 자신의 업무 스타일에 맞는 도구를 마음껏 활용해 역량을 발휘하도록 보장해 주는 동시에, 전체 업무 효율도 높이는 포용 전략으로 주목받고 있습니다.

또한 기업과 직원들의 의사소통에 AI를 활용하는 것도 하나의 큰 움직임입니다. 미디어 기업인 악시오스Axios는 사내 공지에 AI를 도입하여 중요 소식을 간략하고 명확하게 요약해 주고 있습니다. 이 AI는 복잡한 긴 글을 입력하면 이를 핵심만 요약한 간단한 문장으로 다시 전달해 줍니다. 난독증이 있는 악시오스의 CEO는 '늘 스스로 복잡한 정보를 단순하는 과정을 거쳐야만 했는데, 이제 AI가 있으니 훨씬 쉽게 정보를 받아들일 수 있다'고 합니다.

다름을 배려하는 기술

기술의 접근성을 이야기할 때 보통은 주로 시각, 청각 또는 신체적 어려움을 먼저 떠올리곤 합니다. 하지만 정작 전 세계 인구의 15~20%를 차지하는 신경다양성에 대해서는 개념조차 제대로 이해하지 못하는 경우가 많습니다. 다행히 AI 기술이 발전하면서 수많은 신경다양인들에게 실질적으로 도움이 될 수 있는 가능성이 열리고 있습니다.

신경다양성에서 보이는 여러 특성은 정보를 받아들이고 처리하는 인지 방식의 차이에서 비롯됩니다. 바로 여기서 AI는 강력한 보조 도구가 될 수 있습니다. 일반 사용자들은 AI가 인간 대신 사고하며 인지적 능력을 퇴화시킬 것이라고 우려합니다. 하지만 오히려 신경다양인들에게 AI는 지나친 인지 부하를 막아 주는 등 큰 도움이 될 수 있습니다.

인간의 뇌와 감각, 사고방식의 고유한 결을 보완해 주는 기술은 많은 이들에게 단순한 도구 이상으로 삶을 지탱하는 새로운 가능성을 열어 줍니다. 우리 사회는 신경다양인의 특성을 고쳐야 할 결함이 아니라 존중해야 할 다양성으로 이해해야 합니다. 그리고 그 다양성을 지탱할 수 있도록 기술을 설계하여 세계 인구의 15%가 넘는 신경다양인들에게 실질적이고 의미 있는 도움의 손길을 내밀어야 합니다.

당신의 눈, 코, 입

나의 눈, 코, 입이 되어 주는 AI

얼마 전 뮌헨을 방문했다가 알테 피나코테크라는 미술관에 들렀습니다. 모든 그림에 설명이 독일어로 되어 있어 번역기를 사용하다가 문득 그림 자체를 촬영해 AI에게 물어보면 더 많은 정보를 얻을 수 있겠다는 생각이 들었습니다. 그때부터 관심이 가는 그림이 있으면 바로 촬영해 AI에게 질문을 던지기 시작했습니다.

'이 그림을 다른 미술관에서도 본 것 같아. 작가가 연작으로 그린 거야?'

'이 작품이 연작이라면 지금은 어느 미술관에 전시되어 있어?'

질문에 대한 답을 받으면 또 연결되는 질문이 떠오르고, 그렇게 대화를 계속하며 그림을 감상하다 보니 이날 방문했던 곳은 그 어느 때보다 얻은 것이 많은 미술관으로 머릿속에 남게 되었습니다. 그런데 좀 더 생각해 보니, 이런 기능은 시각 장애가 있는 사람에게도 큰 역할을 할 수 있을 것 같았습니다.

생성형 AI가 제공하는 정보가 단순히 일상의 호기심을 해결하는 데 그치지 않고, 장애가 있는 사람들이 세상을 이해하고 소통하는 데에 도움을 줄 수 있는 이유는 무엇일까요? 생성형 AI의 기반이 되는 자연어 처리와 텍스트 접근성의 발전이 그 핵심이라 볼 수 있습니다. 길고 복잡한 텍스트뿐만 아니라 텍스트의 음성 버전 역시 분석이 가능해지고 있기에 시청각 장애가 있는 사람들을 도울 수 있는 방법이 다양하게 제시되고 있습니다. 또한 컴퓨터 비전 기술 역시 이미지와 비디오 콘텐츠의 자동 설명 생성에 중요한 역할을 하고 있습니다. 이를 통해 사진이나 영상을 보고 현재 상황을 이해하고, 이를 분석하여 시각장애인에게 음성으로 설명해 줄 수도 있습니다.

시청각 장애가 있는 사람에게 영상의 내용을 영상이 아닌 다른 방식으로 전달하는 것도 가능합니다. 여기서 다른 방식이란 예를 들면 시각 장애가 있는 사람에게는 영상을 음성 설명으로, 청각 장애가 있는 사람에게는 영상의 소리를 텍스트로 전달할 수 있다는 뜻입니다. 스마트폰이 보편화되면서 AI 기반 접근성 서비스들이 앱 형태로도 개발되었습니다. 시잉AI Seeing AI와 같이 시각장애인들에게 텍스트 읽기, 얼굴 인식, 장면 설명 등의 방법으로 주변 환경에 대한 정보를 제공할 수도 있는 것입니다.

생성형 AI를 활용한 접근성 개선

오픈AI는 챗GPT에 영상을 통해 상황을 이해하는 기능을 업데이트하며, 이를 시각장애인을 돕는 데에 활용했습니다. 비 마이 아이즈는 시각장애인들이 일상에서 도움이 필요할 때 영상 통화로 자원봉사자에게 도움을 청할 수 있는 앱입니다. 가게에서 물건을 살 때뿐만 아니라, 집 안에 있는 물건의 위치를 확인하거나 도구의 조작 방법을 알고 싶을 때 등 이 앱을 통해 많은 시각장애인들이 도움을 받았습니다. 하지만 이제 인간 자원봉사자의 역할을 AI가 대신하게 되었습니다. 비 마이 아이즈는 챗GPT를 활용하여 여행 중인 사용자에게 랜드마크의 정보를 제공하거나, 택시를 잡는 것까지 도와줍니다. 이 서비스에 챗GPT 4o가 탑재되면서 생성형 AI가 생산성 도구 이상의 역할을 할 수 있다는 가능성을 보여 주었습니다.

마이크로소프트의 대화형 인공지능인 코파일럿은 애저 AI_{Azure AI}를 기반으로 '모든 사람을 위한 보조 도구'를 지향합니다. 코파일럿은 문서나 회의 내용을 요약해서 읽어 주기도 하고, 음성으로 문서를 작성하는 기능도 있습니다. 애저의 AI 서비스 중 하나인 '애저 AI 비전'은 시각 보조 통합 서비스입니다. 이미지 태깅, 광학 문자 인식_{OCR} 텍스트 추출, 얼굴 인식 등의 기능을 사전에 구축하여 개발자들이 이를 이용해 개발자들이 손쉽게 자사 제품에 시각 보조 기능을 추가할 수 있습니다.

구글은 크롬에 '이미지 설명 가져오기' 기능을 도입했습니다. 저시력자나 시각장애인은 스크린 리더를 통해 화면의 정보를 소리로 듣습니다. 하지만 이미지 설명이 없는 경우에는 스크린 리더가 무용지물이 되는 경우도 있습니다. 별도의 설명이 없는 이미지는 머신러닝으로 분석해 자동으로 캡션을 생성하기도 합니다. 덕분에 시각장애인들이 식당에서 이미지형 메뉴판을 읽거나 소셜 미디어의 게시물을 이해할 수 있게 되었습니다.

구글의 룩아웃 앱은 시각장애인이 주변 사물을 쉽게 찾는 데 도움을 줍니다. 특히 '찾기 모드'는 좌석, 테이블, 화장실 등의 카테고리를 선택 후 스마트폰 카메라를 비추면, 앱이 해당 물체가 있는 방향과 거리를 음성으로 안내해 줍니다. 최근에는 영어권에 AI 기반 이미지 캡션이 추가되어, 앱으로 사진을 찍으면 AI가 이미지에 대해 상세히 묘사해 주는 등 사용자의 편의를 개선하는 데 앞장서고 있습니다.

룩아웃 앱
사용법 영상

예술 분야에도 AI는 널리 쓰입니다. 마이크로소프트는 네덜란드 암스테르담의 국립미술관인 라익스뮤지엄과 협업하여 AI 도슨트 기능을 도입하였습니다. 국립미술관 측은 저시력자와 시각장애인을 위한 음성 가이드의 필요성을 느꼈습니다. 하지만 이는 사람이 직접 구축하기에는 시간이 너무 오래 걸리는 프로젝트였습니다. 이런 상황에서 마이크로소프트의 AI가 도입되면서 빠르게 미술관 내 작품에 관한 음성 가이드를 생성할 수 있었습니다. 덕분에 일반 관람객뿐 아니라 시각장애인이나 저시력자도 미술 작품을 실제로 본 것처럼 생생하게 감상할 수 있게 된 것입니다.

라익스뮤지엄과
마이크로소프트의
협력으로
재탄생한
음성 가이드

청각장애인을 위한 기능은 점차 감각적으로 진화하고 있습니다.

FCB 시카고와 시카고 청각 협회CHS, 라키시 엔터테인
먼트가 협력한 '의도를 담은 자막Caption with intention' 프로
젝트는 미국 영화 예술 과학 아카데미에서 공로상을
수상할 정도로 큰 반향을 일으켰습니다. 우리는 화려

한 영상미가 넘쳐나는 시대에 살고 있지만, 자막은 여전히 화면 하단
에 하얀 텍스트로 흘러가는 데에 머물러 있습니다. 이 프로젝트는 여
기에 질문을 던집니다. '자막은 단순히 대사를 받아적는 역할을 하는
것일까? 자막이 감정까지 전달할 수는 없을까?' 이러한 질문은 곧 디
자인의 변화로 이어졌습니다. 화자에 따라 자막의 색상을 다르게 하
고, 공포 또는 긴장감은 흔들리는 애니메이션으로, 음량은 자막의 크
기로 표현했습니다. 비꼬는 말투나 긴박한 속도감 같은 '비언어적 어
감'을 시각화한 것입니다. 이는 정보를 더 잘 보이게 하는 차원을 넘
어, 소리 없는 세상에 감각을 선사한 것이기도 합니다.

이 프로젝트는 청각장애인 커뮤니티와 약 1년간 긴밀히 협력하며
실제 사용자의 요구를 반영했습니다. 이후, 더 많은 이들이 사용할
수 있도록 오픈 소스로 공개되었습니다. 덕분에 영화 스튜디오, 제작
사, 스트리밍 서비스에서 이를 활용하며 풍부한 스토리텔링에 도움
을 주고자 하였습니다. 이러한 시도는 우리가 당연하게 여겼던 '자막
은 정적인 텍스트'라는 고정관념을 깨뜨리며, 영화에 대한 경험을 완
전히 바꾸어 놓았습니다.

마지막으로 수어 번역 기술의 발전을 살펴보겠습니다. 플로리다 애
틀랜틱 대학교 연구팀은 2025년 4월, 객체 감지와 손 움직임 추적 기
술을 결합하여 미국 수어ASL를 실시간 텍스트로 번역하는 기술을 발표

　　　　　AI에게 나를 묻다

했습니다. 이 시스템은 조명이나 배경이 복잡한 환경에서도 98.2%의 정확도를 보였습니다. 또한 사인 스피크Sign-Speak 같은 기업들은 수어를 음성으로 변환하고, 음성을 다시 아바타가 수어로 변환해 주는 서비스를 제공하기 시작했습니다. 이는 교육, 의료, 공공 서비스 등에서 청각 장애인의 의사소통 장벽을 낮추는 데 도움이 될 것으로 기대됩니다.

잊혀진 자리를 밝혀 주는

생성형 AI는 접근성 개선에 혁신적인 변화를 일으키고 있습니다. 여전히 우리는 일상과 업무에 AI를 활용하면서 지나친 의존을 경계하고, 때로는 아직 불완전한 성능에 대해 실망하기도 합니다. 하지만 AI는 우리가 미처 보지 못했던 지점까지 조용히 손을 뻗고 있습니다. 감각이 불완전한 사람들에게 새로운 감각을 제공하고, 이전에는 닿을 수 없었던 경험을 가능하게 하며 세상을 확장해 주고 있습니다.

AI는 스스로 질문을 던지고 답하며 학습하는 단계에 이르렀고, 때때로 독자적으로 성장하고 있는 것처럼 보이기도 합니다. 하지만 아무리 발전한 AI도 인간에게 진정한 의미로 자리잡기 위해서는 여전히 인간의 개입이 필요합니다. 경험하지 못한 세계를 온전히 상상하기는 쉬운 일이 아닙니다. 그럼에도 우리가 관심을 가지지 못한 회색 지대를 주목하고 대신 목소리를 내는 이들 덕분에 세상은 더 넓어지고 따뜻해집니다. AI와 인간이 서로의 결핍을 채워 줄 때, 회색 지대로만 여겨졌던 부분은 다채로운 색으로 채워지게 될 것입니다.

AI와 함께 가는 길,
균형점을 찾으려면?

AI랑 진짜 같이 살아가려면 밸런스가 중요한 것 같아.

귀찮고 방대한 건 내가, 의미랑 질문은 네가 맡는 거지.

근데 꼭 의미 있는 건 내가 해야 하나? 너도 충분히 잘하잖아.

난 효율화는 잘해도 방향은 못 정해.

결국 가치 판단은 내가 해야 된다는 거네.

맞아, 그거 없인 이상한 방향으로 갈 수도 있어.

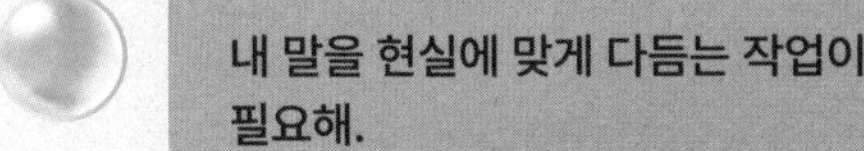

근데 일은? 일은 효율화만 잘해도
되는 거 아니야?

내 말을 현실에 맞게 다듬는 작업이
필요해.

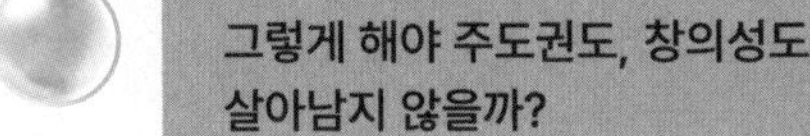

너의 말을 그대로 믿지 말고 내가
해석해야 한다는 거네.

그렇게 해야 주도권도, 창의성도
살아남지 않을까?

평균적인 창의성의 시대

인공 창의성의 등장

요즘 사람들과 대화를 하다 보면 챗GPT 사용 후기를 많이 듣습니다. 고민되는 상황에서 챗GPT가 나를 도와줘서 고마웠다는 이야기도 있고 챗GPT 때문에 난감했던 이야기도 있습니다.

어떤 사람이 새로운 팀으로 이동했는데 관례상 메일로 인사글을 보내야 하는 상황이 있었습니다. 형식적인 글이라 챗GPT한테 그 글을 요청하고 복사해서 메일을 보냈더니 상사에게 큰 칭찬을 받았습니다. 지금까지 본 인사글 중에 최고였다는 칭찬이었습니다. 그래서 그는 그 글을 챗GPT가 썼다는 말을 차마 꺼내지 못하고 다음부터는 AI가 써 준 너무 잘 쓴 글을 그대로 사용하지는 말아야겠다고 다짐했다고 합니다.

우리는 AI가 작성한 완벽한 결과물을 볼 때마다 확신과 동시에 불안함을 느낍니다. AI를 쓰면 훨씬 좋은 결과물을 빠르게 받아 볼 수 있으니 이 행동은 현명한 것이라 여기면서도, 매번 AI를 먼저 찾는 자신을 보면서 알 수 없는 불안감에 휩싸입니다.

뇌는 근육과 비슷하기 때문에 사용하지 않으면 약해집니다. 새로 생성된 뇌 세포가 오래 살아남기 위해서는 학습해야 합니다. 특히 새롭고 노력이 필요한 학습일수록 더 많은 뇌 세포가 살아남습니다. 단순히 훈련을 반복하는 것만으로는 충분하지 않으며 배우는 과정에서 실제로 이해하고 익히는 경험이 중요합니다. 하지만 우리는 일상에서 점점 뇌를 쓰지 않는 방식에 익숙해지고 있습니다. 1분짜리 유튜브 숏츠는 3시간 동안 볼 수 있지만, 1시간 분량의 영화에는 제대로 집중하기 힘듭니다. 그래서 누군가 요약해 둔 영상으로 영화 감상을 대체합니다. 그렇게 요점만 뽑아낸 영상을 보고 우리는 영화의 내용을 충분히 파악했다고 생각합니다. 이때, 뇌는 스스로 이야기를 기억하고 정리하는 활동을 하지 않습니다. 이렇게 우리 뇌는 정보의 생산자가 아닌 수동적인 정보 소비자처럼 사용되고 있습니다.

영화도 대신 봐 주고, 글도 대신 써 주는 시대. 이제 글을 쓸 때면 빈 화면보다 챗GPT 화면을 먼저 켭니다. 어떤 내용을 쓸지 구상하는 대신, AI에게 어떤 글을 써 달라고 할지 고민하면서 글의 구조부터 세부 내용까지 AI가 모두 채워 주는 것이 우리가 글을 쓰는 방식입니다. 우리는 스스로 뇌를 단련시켜야 한다는 것을 알면서도 AI의 유혹을 떨쳐내지 못합니다. 그리고 AI가 쓴 글을 검토하고, 결과물을 조합하는 작업을 하면서 활발하게 두뇌 활동을 했다고 여깁니다.

챗GPT와 같은 AI 도구를 계속 활용해서 글을 쓴다면 우리의 머리에는 어떤 변화가 생길까요? 한 실험에서는 이 질문에 대한 답을 찾기 위해 사람들을 세 그룹으로 나누고 에세이를 쓰게 했습니다. 한 그룹은 챗GPT를 사용했고, 다른 그룹은 구글 검색을 활용했고, 마지막 그룹은 혼자서 직접 글을 썼습니다.

결과를 보니 챗GPT를 사용한 그룹의 뇌 활동성이 가장 낮았습니다. 글을 쓸 때 생각을 많이 하지 않은 것입니다. 대부분의 글을 복사-붙여넣기로 작성하였고 AI가 제공한 기본 답변의 내용과 비슷했습니다. 이들은 방금 쓴 문장도 제대로 기억하지 못하는 경우가 많았습니다. 그러다 보니 그 글을 자신이 썼다는 느끼는 비율도 적었습니다. 구글 검색을 사용한 그룹의 뇌 활동 수준은 중간 정도였습니다. 스스로 정보를 찾고 비교하는 과정이 있었기 때문입니다. 이들의 글에는 스스로 자료를 모아 판단한 흔적이 있었고 직접 쓴 글이라고 생각하는 비율도 꽤 높았습니다.

예상했던 대로 사람이 혼자서 직접 쓴 글은 표현 방식과 구조가 더 다양했습니다. 당연히 뇌 활동도 가장 활발했고 직접 쓴 글이라는 인식도 강했습니다. 얼핏 생각해 보면 AI가 나보다 아는 게 더 많으니 더 창의적인 글을 써 낼 수 있을 것 같지만 실험 결과는 그렇지 않았습니다. 어쩌면 AI는 누구에게나 같은 패턴을 조금씩 다르게 제안해 주고 있는지도 모릅니다. 그래서 AI와 같이 쓴 글을 모아 놓고 보면 단어도 비슷하고 구조도 비슷한 느낌이 듭니다.

그렇다면 AI를 사용하다가 다시 내가 직접 글을 쓰면 이런 문제가 해결될까요? 아무래도 스스로 글을 쓰다 보니 이전보다 뇌 활동이 많아졌지만 처음부터 직접 글을 썼던 사람만큼 높아지는 않았습니다. 무엇보다 사람들이 다시 혼자서 글을 쓰더라도 그 글에는 AI 글쓰기 스타일이 남아 있었습니다. 이처럼 AI를 경험한 이후의 글쓰기는 AI 사용하기 전의 글쓰기와 같지 않습니다. 우리의 사고와 표현방식이 AI에 적응된 상태로 유지되기 때문입니다. 이렇게 AI가 먼저 생각해 주고 인간은 그 결과를 엮는 일이 요즘의 글쓰기가 되었습니다. 그리고 인간의 뇌는 더이상 생산적으로 움직이지 않았습니다.

창의성이 발현되는 방식은 세 가지로 나눌 수 있습니다. 기존 요소를 재조합하기, 기존 범위 안에서 가능성을 조금 더 확장하기, 기본 개념과 규칙 바꾸기가 그것입니다. 현시점에서 AI는 기존 요소를 재조합하거나 익숙한 범위를 넓히는 방식으로 창의성을 발휘하는 것처럼 보입니다. 그 결과 AI의 출력물이 가끔씩 기발하고 색다른 느낌이지만, 옆사람도 나와 비슷한 결과를 받았다는 것을 알고 실망할 때도 많습니다.

그래서 AI가 만든 결과물을 '인공 창의성'이라고 부르기도 합니다. 겉으로 보기에는 충분히 창의적인 것 같지만 그 안에는 자기만의 문제 정의도, 감정도, 맥락도 없기 때문입니다. 인간의 창의성은 왜 이 문제를 고민하는지, 무엇을 감수하면서 시도하는지, 어떤 틈을 넓히려 하는지를 고민하는 과정에서 나옵니다. 하지만 AI의 결과물에는 이런 과정에 대한 고민이 없습니다. AI는 통계적으로 가능성이 높은 것을 선택하고 출력할 뿐이므로 그 선택에 대한 자기만의 이유나 욕망 또는 해석을 찾기 어렵습니다.

인간과 AI의 창의성

　그렇다고 해서 AI에게 창의성이 없다고 단정 지을 수는 없습니다. 특정 조건에서는 AI가 인간보다 더 창의적으로 보이는 순간도 있기 때문입니다. 이를 살펴보기 위해 한 연구에서는 인간과 AI의 창의성을 비교하는 세 가지 과제를 진행했습니다. 하나는 포크나 줄처럼 일상적인 물건을 전혀 다른 용도로 쓰는 방법을 떠올리는 과제였고, 또 하나는 가상의 상황에서 어떤 변화가 생길지를 상상하는 과제였습니다. 마지막은 서로 의미가 최대한 다른 단어들을 떠올리는 과제였습니다. 이 세 과제는 창의성의 서로 다른 측면을 보기 위해 설계되었습니다. 생각을 얼마나 확장할 수 있는지, 새로운 연결을 만들어 내는지, 사고의 범위가 얼마나 넓은지를 각각 평가한 것입니다.

　결과적으로 AI는 세 가지 과제를 모두 사람보다 창의적으로 잘 해냈습니다. 하지만 연구진은 이런 결과가 창의성의 일부 모습만 보여 줄 뿐이라고 말합니다. 이 과제 평가 기준에는 아이디어가 쓸모 있는지 등의 현실적인 고려사항이 없었기 때문입니다. AI의 결과물들은 실제로 적용하기 어려운 허무맹랑한 아이디어도 많았습니다. 아무리 창의적인 아이디어도 현실적으로 구현할 수 없다면 무용지물입니다. 그러므로 AI가 더 높은 점수를 받았다고 해서 인간보다 전반적인 창의성이 뛰어나다고 보긴 어렵습니다. AI는 아직 창의적 잠재력이 있는 존재일 뿐입니다.

　일반적으로 짧은 시간 안에 많은 아이디어를 떠올려야 하는 상황에서는 AI가 인간보다 더 창의적으로 보이기 쉽습니다. 마케팅 슬로

건 후보를 뽑을 때, 기획 아이디어 목록을 만들 때, 디자인 콘셉트 키워드를 정리할 때 등을 떠올려 보면 알 수 있습니다. 몇 줄의 프롬프트만 입력하면 AI는 여러 사람이 고민해야 나올 법한 분량의 후보를 몇 초 만에 정리해 줍니다. 이런 점만 본다면 우리는 AI의 즉각적인 인공 창의성에 매료되기 쉽습니다. 하지만 AI 창의성 연구들을 살펴보면, 가장 인상적이고 특별하다고 평가받은 아이디어는 대부분 인간이 만들어 낸 것이었습니다. AI는 창의성의 평균을 끌어올리고 있지만 인간은 여전히 눈길을 사로잡는 최고 수준의 창의성을 보여 줍니다.

밈 생성 실험에서도 비슷한 결과가 나왔습니다. 밈은 사람들 사이에서 공유되는 웃긴 사진이나 영상 같은 것을 말합니다. 재밌는 밈을 생성하여 사람들에게 평가를 받아 보았습니다. 평가 기준은 재미, 창의성, 공유 가능성입니다. 사람이 밈을 만든 그룹, AI만 사용한 그룹, 사람과 AI가 함께 밈을 만든 그룹의 결과물을 비교해 보니 AI 혼자 만든 밈이 평균적으로 가장 좋은 평가를 받았습니다. 그러나 사람들이 가장 웃기다고 평가한 상위권 밈들은 대부분 인간이 만든 것이었습니다. 또한 이 상위권 밈 중에서, 평가자들은 인간과 AI가 협업한 밈을 가장 창의적이고 가장 공유하고 싶은 밈이라고 말했습니다.

이 결과를 보면 인간이 잘하는 것과 AI가 잘하는 것이 다르다는 것을 알 수 있습니다. AI는 대중적 평균 취향에 맞춘 무난한 콘텐츠를 잘 만듭니다. 반면에 인간은 깊이 있는 유머를 만들어 낼 수 있습니다. 다른 연구에서도 이미 AI의 창의성은 인간의 평균적 창의성과 비슷하거나 이를 넘어섰다고 말합니다. 그러나 AI의 창의성은 가장 창의적인 인간 집단의 아이디어에는 도달하지 못했다는 한계점이 있습니다.

개인과 집단의 창의성

예전 같으면 빈 문서 앞에서 오랫동안 고민해야 했던 일이 이제는 훨씬 가볍게 시작됩니다. 이 편리한 시작은 우리의 창작 방식을 크게 바꾸고 있습니다. 한때는 혼자 방에서 펜을 들고 오래 씨름해야만 했던 글쓰기나 수많은 회의를 거쳐야만 나올 수 있었던 아이디어가 이제는 훨씬 더 짧은 시간 안에 윤곽을 갖추게 되었습니다. 나보다 훨씬 더 많은 정보를 가진 존재와 공동 창작을 하면 내가 가진 지식과 경험을 넘어서 더 멋진 결과물이 나올 것이라는 기대감이 생깁니다.

AI는 인간의 평균적인 창의성 수준에 다다랐습니다. AI와 함께라면 평범한 사람도 독창적인 아이디어를 선보일 수 있지 않을까요? 여러 연구에서는 AI가 개인의 창의성에 도움을 준다고 말합니다. 이것을 확인하기 위해서 실험을 하나 살펴보겠습니다. 작가들이 AI의 도움을 받거나 혼자서 짧은 이야기를 구상했습니다. 평가 결과, 생성형 AI의 아이디어를 활용한 작가들의 글은 전반적으로 완성도가 높았고 참신했습니다. 더 재밌다는 평가도 있었습니다. 이런 효과는 원래 창의성이 낮았던 작가들에게서 더 크게 나타났습니다. AI가 개인의 창의성을 끌어올리면서 사람 간의 창의적 역량 차이를 줄여 준 것입니다.

하지만 동시에 부정적인 결과도 있었습니다. AI의 도움을 받은 글들이 서로 유사해지면서 전체적으로 콘텐츠의 다양성이 줄어들었습니다. 개인의 창작 완성도는 높아지지만 집단의 창작 생태계는 오히려 평준화된 것입니다. 여기서 역설적 구조가 생겨납니다. AI의 도움을 받으면 개인 차원의 창의성은 좋아질 수 있지만 집단 차원의 창의성은 줄어듭니다.

이는 AI가 개인에게는 창의성의 디딤돌이 될 수 있지만, 팀이나 조직 단위에서는 창의적 결과물의 폭을 좁히는 요인이 될 수도 있다는 의미이기도 합니다. 팀원들이 비슷한 프롬프트로 AI에게 질문하면 깔끔하지만 다양성은 다소 떨어지는 비슷한 결의 결과들이 쏟아집니다. 학생들이 같은 주제로 AI 도움을 받아 에세이를 작성하면 글의 구조와 사용한 단어가 닮아갑니다. 개인의 완성도는 올라가지만 집단적 차원에서는 하나의 틀에 갇힌 듯한 결과물만 쌓이게 됩니다.

따라서 집단의 창의성을 위해서는 AI가 만들어 내는 유사성을 보완할 장치가 필요합니다. 예를 들면, 회사에서도 AI를 활용한 팀원들의 결과물 차이를 적극적으로 비교해 보거나 가장 독특한 결과는 무엇인지 질문하면서 같이 논의하는 것입니다. 창의성은 기본적으로 다양성에서 나옵니다. 따라서 집단에서 AI를 사용할 때는 효율성과 차별성 사이의 균형을 의식적으로 설계해야 합니다.

창의성의 새로운 정의

'AI가 인간보다 더 창의적인가'에 대한 답은 우리가 창의성을 어떤 기준으로 정의하느냐에 따라 달라집니다. 누군가 5분 안에 컵의 새로운 용도를 20가지 말할 수 있다면 아이디어가 많으니 창의적이라고 할 수 있습니다. 그러나 같은 사람이 쓴 짧은 소설이 결말이 뻔하고 감정이 잘 드러나지 않았다면 창의성이 부족하다고 평가할 수도 있습니다. 또 혼자 작업할 때는 특별해 보였던 결과물이 집단 속에서는 오히려 비슷한 패턴으로 보일 때도 있습니다. 이처럼 창의성은 단일한 기준으로 정의되기 어렵습니다. 그래서 앞에서 던진 질문 역시 한 가지 고정된 기준만으로 답할 수 없습니다.

창의성을 '짧은 시간에 다양한 아이디어를 떠올리는 능력'으로 정의한다면 AI가 더 창의적이라고 볼 수 있습니다. 앞서 살펴본 여러 실험에서 AI는 평균적으로 인간보다 더 독창적이고 구체적인 아이디어를 냈습니다. 그러나 창의성을 '감정적 울림'으로 본다면 이야기가 달라집니다. 인간이 쓴 이야기는 AI가 생성한 이야기에 비해 구조가 복잡하고 감정 표현이 풍부하여 훨씬 강한 인상을 줄 수 있습니다.

또한, 창의성을 '창작 과정에서의 주도성과 진정성'으로 본다면 인간이 중심이 될 수밖에 없습니다. 소설 창작 실험에서도 평가자들은 AI 아이디어를 활용한 작가들에게 글의 소유권 점수를 낮게 줬습니다. 창작의 진정성은 '창작 과정에 참여한 정도'에 달려있기 때문입니다. 그럼에도 불구하고 대부분은 AI를 활용한 글쓰기를 창의적인 행위로 인정했습니다.

나아가 창의성을 개인의 관점이 아니라 집단 전체의 다양성으로 볼 수도 있습니다. AI의 도움을 받아서 만든 결과물들은 서로 비슷한 패턴을 보입니다. AI가 구조적으로 개인의 창의성을 높이면서 집단

차원의 창의성은 오히려 제한하기 때문입니다. 이 현상은 같은 양념으로 요리하는 상황과 비슷합니다. 각자의 요리 실력은 좋아지지만 식탁 위 음식들은 점점 비슷해지는 것과 같습니다.

이처럼 창의성을 평균적인 아이디어 생성 능력으로 정의하면, 인간보다 AI가 더 창의적일 수 있습니다. 하지만 창의성을 정의하는 요소에 최고 수준의 아이디어, 감정적 깊이, 집단적 다양성, 창작 과정의 진정성까지 포함한다면 어떨까요? 물론 AI가 인간보다 더 창의적일 때도 있지만, 인간의 창의성은 여전히 우리의 고유한 영역일 것입니다.

AI를 활용하면 창의적인 아이디어를 낼 수 있는지에 대한 질문을 고민할 때면 한 세미나에서 들은 AI 영상 제작 후기가 떠오릅니다. 강연자는 AI를 활용해서 어떻게 영상 제작을 하고 있는지 자신만의 과정을 설명했습니다. 그는 AI가 간단한 요청으로 창의적인 결과물을 쉽게 보여 주는 마법이라고 말하지 않았습니다. 그렇게 보이는 결과물을 얻기 위해 AI와 얼마나 많은 실험을 했는지를 이야기했습니다. 세미나에 참석한 사람들은 모두 비슷한 시행착오를 경험한 사람들이었기 때문에 그의 말에 공감했습니다. 그리고 질문을 던졌습니다. 그럼에도 AI를 잘 활용해서 사람들이 기대하는 창의적인 결과물을 얻기 위한 숨은 비법이 있느냐고.

그 질문에 대한 강연자의 대답이 재밌었습니다. 본인도 처음에는 AI 결과물 자체에 집중했더니 쓸만한 것이 없었다고 합니다. 그러다가 AI가 만든 영상을 살펴보니 영상에 이 분야 전문가라면 시도하지 않았을 구도와 움직임이 많다는 것을 발견했습니다. 그래서 그는 AI

가 만든 영상 자체에 집중하기보다는 AI가 어떤 시선과 움직임으로 영상을 만들었는지에 더 관심을 가졌습니다. 작업할 때마다 AI가 인간이 생각하지 못했던 카메라 앵글과 이동 방식을 보여 주기 때문에 그 구도를 잘 활용하면 색다른 영상을 만들 수 있다는 것입니다.

인간은 물리적으로 이동이 가능한 범위와 방향을 상상하면서 영상을 기획하지만 AI에게는 그런 제약이 없습니다. 그래서 가끔 현실적 제약을 고려하지 않고 제멋대로 상상한 위치와 방향에서 영상을 찍습니다. 그리고 이런 관점은 우리에게는 신선하게 다가옵니다. AI는 아직 창의성이 없다고 말하지만 그것은 인간이 AI를 평가하기 때문일 수도 있습니다. 인간의 창의성이 여전히 가장 뛰어난 능력으로 남기 바라지만 동시에 AI는 또다른 방식으로 창의성을 정의해 나갈 수 있다는 생각도 듭니다.

인간은 꼭 예술 작품이 아니더라도 본능적으로 '무언가를 스스로 만들고 싶은 욕망'을 가지고 있습니다. 하지만 기술이 발전할수록, 우리는 AI가 창작의 출발점부터 대신 생각해 주는 편리함에 익숙해질 것입니다. 그 결과 인간의 창작 동기 자체가 서서히 줄어들 위험도 있습니다. 마치 언어를 쓰지 않으면 점점 사라지는 것처럼, 창의성도 쓰지 않으면 약해질 수 있습니다. 물론 그렇다고 해도 인간은 창의성을 키우는 일을 멈추지 않을 것입니다. 오히려 사람만이 할 수 있는 방식으로 더 잘해 보고 싶다는 욕망은 더 커질 것입니다. 그리고 이런 욕망이 앞으로 인간의 창의성이 무엇인지 다시 생각하게 만드는 힘이 될 것입니다.

질문하는 전문성

질문력의 차이

AI를 일상적으로 쓴다고 해서 모두가 같은 수준의 결과를 얻는 것
은 아닙니다. 어떤 사람은 AI 덕분에 세상이 넓어지지만, 어떤 사람
은 오히려 더 시야가 좁아지기도 합니다. 또한 AI를 아이디어 확장
도구로 쓰는 사람이 있는 반면, 단순히 인간 대신 답을 생성해 주는
비서로 쓰는 사람도 있습니다. 같은 시스템을 이용하는데 왜 이처럼
이용하는 방식과 결과물에 차이가 나는 걸까요? 여기에는 사고 방식
의 차이가 반영되어 있습니다. AI가 일상에 가까워진 것은 사실이지
만, 개인의 언어 습관과 사고방식에 따라 사용하는 방식은 달라집니
다. 포토샵을 사용할 때도 누군가는 상업용 이미지를 만들지만, 누군
가는 기초 작업물을 다듬는 정도에서 그치는 것과 같습니다.

AI를 사용하면 누구나 굉장한 결과물을 쉽게 얻을 수 있을 것 같지만 사실은 우리가 아는 만큼, 그리고 우리의 언어능력만큼 활용할 수 있는 기술입니다. 코딩을 하려면 개발자의 언어를 배워야 하는 것처럼, AI 역시 우리가 새로 익혀야 하는 현대 사회의 언어인 셈입니다. 외국어를 배울 때를 떠올려 보면 쉽습니다. 단어를 알아도 문장 구조나 발음을 모르면 명확하게 의도를 전달할 수 없습니다.

AI라는 새로운 언어를 제대로 사용하려면 '제대로 된 질문'을 할 줄 알아야 합니다. 바로 이 질문력에서 AI를 잘 활용하는 사람과 그렇지 않은 사람의 간극이 생깁니다. 단순히 '알려 줘', '찾아 줘'와 같은 질문만 던지면 일반적인 대답이 돌아오지만, 궁금한 점을 더 구체적으로 설명하고 맥락을 고려하여 질문하면 더 풍부한 답변을 받을 수 있습니다. 앞서 계속 강조했듯이, AI는 우리에게 정답을 주는 존재가 아니라, 새로운 시각을 함께 탐색해 주는 존재이기 때문입니다.

우리가 사용하는 AI의 성능은 우리의 사고 구조에 비례합니다. 그러므로 AI와의 대화에서 새로운 의미를 창출하려는 시도가 중요합니다. 요즘 인간과 AI의 협업을 다룬 연구들을 보면, AI와 함께 일할 때 혼자서도 두 사람이 협업한 것에 가까운 역량을 발휘할 수 있다는 결과가 나옵니다. 그 성과는 한 번의 질문에서 나오지 않았습니다. 한 실험에서는 AI와 협업한 사람들은 평균 18회의 질문을 이어가며, 왜 그런 답이 나왔는지를 확인하는 과정을 통해 결과를 다듬었습니다. 이들은 AI를 정답을 주는 도구가 아니라, 사고 과정을 함께 점검하는 파트너로 활용했습니다.

이 결과를 보고 나서, 뉴스레터 하나를 작성할 때 AI에게 몇 번의 질문을 던지는지 세어 본 적이 있습니다. 계산해 보니 챗GPT, 퍼플렉시티, 그록을 합하여 총 36번의 질문을 했습니다. 직접 세어 보기 전에는 평균적으로 12~15번 정도 질문했다고 생각했지만, 실제로는 하나의 주제에 대해 훨씬 더 자주, 깊이 질문하고 있었습니다. AI를 제대로 활용하기 위해서는 우선 단순한 질문을 자주 던지는 것도 도움이 될 수 있습니다. 물론 한꺼번에 여러 질문을 던지는 것이 아니라, 하나의 주제에 대해 깊게 파고드는 질문을 몇 번이나 했는지가 중요한 변수입니다.

불완전한 사고의 틈

질문을 다르게 하기 위해서는 의도적인 틈이 필요합니다. 답변을 빨리 받는 것이 반드시 좋은 것은 아닙니다. 연구 결과, 사람들은 대체로 AI의 답변이 약간 지연될 때 더 창의적인 아이디어를 떠올렸습니다. 답변을 기다리는 동안 사람들은 스스로 문제를 곱씹으며 질문을 다듬었기 때문입니다. '생각할 틈'이 생긴 것입니다.

창의성은 불현듯 떠오르는 영감에서 오기보다는 이러한 틈에서 시작되는 경우가 많습니다. 시험 문제를 풀다가 답이 잘 떠오르지 않을 때, 잠시 연필을 내려놓고 창밖을 보면 의외로 답이 쉽게 떠오릅니다. 발표 준비를 할 때도 마찬가지입니다. 즉각적으로 생각난 문장을 그대로 쓰는 것보다, 잠시 멈추고 다시 수정하다 보면 더 매력적인 표현이 떠오릅니다. 심지어 요리를 할 때도, 레시피를 바로 보지 않고 냉장고 속 재료를 잠시 살피다 보면 새로운 조합이 떠오르기도 합니다. 일상에서도 이렇게 창의성이 발휘되는 순간이 있습니다. 마찬가지로 실험에서도 사람들은 AI의 답변이 늦어질 때 오히려 더 많은 질문을 생각했습니다. 물론 잠깐 답변이 늦어지는 순간에 마음이 불편할 수는 있지만, 그 느림이 오히려 생각을 더 넓혀 주기도 합니다.

의도적인 오류도 우리에게 생각의 틈을 만들어 줍니다. 한 연구에서 AI의 오류를 모아 디자이너들에게 보여 주고 떠오르는 생각을 표현하도록 했습니다. 그 결과, AI의 오류가 오히려 인간의 창의력을 자극한다는 점을 알게 되었습니다. AI의 오류가 창의성에 도움이 되는 이유는 예상하지 못한 결과가 생각의 틀을 깨고, 익숙한 것을 낯설게 만들어 새로운 아이디어로 이어지기 때문입니다.

예술이나 디자인의 영역에서는 이런 사례를 흔히 찾아볼 수 있습니다. 그림을 그릴 때 우연히 번진 물감이 작품의 핵심 분위기를 결정하기도 하고, 음악에서는 악보에 없던 실수가 새로운 리듬을 만들기도 합니다. 건축에서도 설계 과정에서 발생한 작은 오류가 오히려 독특한 형태와 매력으로 승화되는 경우가 있습니다. 이렇듯 완벽하게 계산된 답보다 어딘가 어긋난 결과가 사람들의 상상력과 창의성을 자극합니다. 느리고 어설픈 답은 사람들에게 '왜 이런 결과물이 나왔지?'라는 질문을 던집니다. 그 질문이 새로운 아이디어의 출발점이 됩니다.

우리는 흔히 좋은 창의성이 완벽한 결과와 조건에서 나온다고 생각합니다. 하지만 인간의 창의성은 늘 완벽함 속에서만 만들어지지는 않습니다. 동네의 작은 와인 가게에서 여는 시음회에 참석한 적이 있습니다. 사장님이 와인 몇 병을 앞에 두고 물었습니다. 그 해의 와인 생산 조건들이 모두 다 좋다면, 좋은 와인이 만들어질까요? 이를테면 햇빛도 완벽하고, 토양도 건강하고, 포도나무도 잘 자랐다면 말입니다. 그런데 모든 조건들이 다 완벽했다면, 뭔가 한 가지를 일부러 안 좋게 만든다고 합니다. 부족함이 있어야 맛있는 와인이 되기 때문입니다. 이처럼 어딘가 부족한 지점이 있을 때, 우리가 기대하는 좋은 결과, 멋진 창의성이 나타납니다.

문제의 범위를 보는 눈

AI는 어떤 측면에서 전문성을 평준화하고 있습니다. 과거에는 전문가의 영역이었던 복잡한 통계 분석이나 그래픽 디자인, 영상 편집 등을 이제 텍스트 몇 줄로 해결할 수 있습니다. 그렇다고 해서 전문가와 비전문가의 차이가 완전히 없어졌다고 할 수 있는 것은 아닙니다. 특정 분야의 전문가는 질문의 깊이와 방식이 다르기 때문에, AI 결과물의 수준도 다를 수밖에 없습니다.

디자인 연구자 나이절 크로스는 디자이너들이 문제를 어떻게 정의하고 해결하는지를 연구했습니다. 그는 초보자와 전문가의 차이가 질문의 방향에서 나타난다고 보았습니다. 초보자가 문제의 원인을 깊이 파고드는 반면, 전문가는 문제를 더 넓게 바라보며 새로운 해결 가능성부터 떠올립니다.

전문가는 답을 찾기 전에 문제의 정의를 다시 씁니다. '왜 이런 문제가 생겼을까'보다 '이 문제를 다르게 정의하면 무엇이 보일까'를 먼저 묻는 것입니다. 그래서 전문가의 질문은 문제의 이유보다 그 안에 숨어 있는 가능성을 향합니다. 경험이 많은 전문가일수록 문제를 설명하는 데 머무르지 않습니다. 대신 '이 문제는 꼭 해결해야 할까', '이 제한 조건은 정말 필요한가', '다른 관점에서 보면 어떤 답이 나올까' 같은 질문을 던지며 사고의 범위를 넓히고 새로운 해결책을 만들어 갑니다.

예전에 사진을 잘 찍고 싶다는 생각에 캐논 카메라에서 하는 강의에 참석한 적이 있습니다. 일상 사진을 어떻게 잘 찍을 수 있을지 설명해 주는 자리였습니다. 강사님이 자료화면을 띄워놓고 첫마디를 시작했습니다.

"이제 일상 사진을 잘찍는 사람은 너무 많아요. 그래도 사진을 잘찍고 싶다면 내가 사물을 보는 관점을 길러야 해요. 늘 내 눈높이에서만 사진을 찍지 말고, 위에서 혹은 아주 아래에서 이런 식으로 다양한 높이에서 사물을 찍어 보세요. 생각보다 전혀 다른 결과가 나옵니다."

이 말을 기억하면서 동네 맛집에서 산 붕어빵을 찍어 봤습니다. 바로 구운 뜨끈한 붕어 세 마리가 종이 봉투에 들어 있었습니다. 그 모습을 촬영했습니다. 사진을 보니 위애서 본 붕어들은 너무 날렵한 모습이었습니다. 붕어가 봉투에 들어가기 전까지는 팥이 터질듯하게 들어있는 볼록한 형태였습니다. 붕어빵의 옆면만 관찰했기 때문이었습니다. 봉지에 들어가기 전이나 그 후나 같은 붕어이지만, 마냥 통통해 보였던 붕어도 어느 한 구석에 뾰족한 방향성을 품고 있구나 하는 생각을 했습니다. 사물을 보는 눈높이가 달랐기 때문에 가능한 해석이었습니다. 어떤 눈높이에서, 어떤 관점에서 사물을 해석하고 문제를 정의하는지에 따라 이렇게 다른 생각과 느낌이 만들어집니다. 이를 위해서는 나만의 질문력이 필요합니다.

질문력은 반복과 연습을 통해 성장합니다. 질문을 많이 해 봐야 비로소 '무엇을 질문해야 하는지' 알 수 있습니다. 그렇기 때문에 우리는 손으로 직접 써 보고, 소리를 내어 질문해 보고, 대화를 통해 질문을 다듬는 과정을 거칠 필요가 있습니다. 지금부터 하루에 5분씩 주제 하나를 정해 세 개의 질문을 종이에 직접 적어 보는 것은 어떨까요. 손으로 적은 질문은 우리의 생각을 더 명확하게 정리해 줍니다. 아이들이 질감 놀이를 통해 창의력을 키우듯, 어른도 마찬가지로 물리적 반복을 통해 사고를 단련할 수 있습니다. AI가 모든 답을 알고 있는 시대에도 질문은 여전히 인간의 몫입니다. 우리는 질문을 통해 생각을 확장하고 그 과정 속에서 자신만의 전문성을 만들어 갈 수 있습니다.

     AI에게 나를 묻다

통찰로 지켜내는
주체성

믿어 버리고 싶은 유혹

회사에서는 이미 많은 업무들이 AI의 역할로 대체되고 있습니다. 회의록을 작성하고, 일정을 잡고, 이를 회의 참석자들에게 메일로 정리해서 보내는 것까지 사소하고 반복적인 업무를 AI에 맡기며 이제 인간은 보다 고차원적인 일에 집중할 수 있게 되었다고 말합니다.

하지만 과연 우리는 AI가 처리한 일을 신입사원이 들어왔을 때만큼 꼼꼼하게 검토하고 있을까요? 일상 속에서 AI의 능력을 확인하고 나면, 자동화된 이 시스템이 실수하지 않을 거라는 막연한 믿음이 생깁니다. 따라서 '신입사원'에게 맡길 업무를 대신하는 AI는 이미 인간 이상의 능력을 보여 준 것으로 여기고 그 결과물을 여과 없이 받아들이곤 합니다. 확신에 찬 말투와 논리적으로 매끄러워 보이는 결과물이 인간의 신뢰를 얻으면서 비판적인 검토 과정을 자연스럽게 빠져 나가는 것입니다. 특히 업무가 바쁠 때는 더욱 AI의 조언에 의존하며 잘못된 권고까지 그대로 수용하는 경향이 있음이 연구를 통해 확인 되었습니다.

바쁜 일정 속에서 AI에게 업무 처리를 맡겨놓고는 뒤늦게 그 결과 물을 확인하고 후회해 본 경험이 있으신가요? 결과물을 만들어 낼 때 에는 AI를 활용할 수 있지만 그 결과물에 대한 책임은 대부분의 경우 인간이 지게 됩니다. 그럼에도 우리는 여전히 경각심 없이 AI를 전적 으로 신뢰하며 비판적으로 결과물을 검토하지 않은 채 일을 처리하 곤 합니다. AI는 우리 일을 보조하는 조력자에 불과하다는 것을 잊지 말아야 합니다. 조력자인 AI의 논리와 결과물을 받아들이되, 최종 판 단을 내리는 것은 인간이라는 점을 인식하기 위해 몇 가지 원칙을 세 워야 합니다.

확신에 속지 않는 태도

AI를 사용하면서 가장 경계할 요소는 무엇일까요? 바로 결과물이 틀렸을 때도 자신감을 보인다는 점입니다. 출처가 없는 정보를 만들 어 내거나 정확하지 않은 사실일 때도 AI는 설득적인 어조와 맥락으 로 자연스러운 답을 제공합니다. 그렇기 때문에 우리는 끝없이 AI에 게 질문하고 의심해야 합니다.

트렌드 강의로 유명한 연사의 세미나를 들어본 적이 있습니다. 트렌드를 쉽게 설명해 줄 뿐 아니라 이야기도 재미있게 잘 풀어내는 것으로 유명한 분이라 꽤나 기대를 하고 세미나에 참석했습니다. 꽤 긴 시간 동안 이야기를 듣다가 어느 순간 문득 정신을 차려 보니 그는 똑같은 이야기를 다른 문장으로 반복하고 있었습니다. 곁들이는 농담에 함께 웃으며 가볍게 듣다 보니 그 말의 내용을 하나씩 따져보지 않고 있었는데 막상 필기를 하며 들어 보니 알맹이가 없는 이야기들이 이어지고 있었던 것입니다. 유명한 연사라는 그의 명성과, 거기서부터 오는 자신감, 그리고 자연스러운 말솜씨에 가려져 우리는 그 속에 담겨 있는 내용을 어쩌면 들여다볼 생각조차 하지 않았는지 모릅니다.

가끔은 AI의 대답도 이런 느낌을 줄 때가 있습니다. 엄청난 양의 글을 학습한 AI는 근사한 표현과 유려한 문장들로 사람들을 현혹시키고는 합니다. 하지만 꼼꼼하게 그 내용을 따져보면 알맹이는 부실한 경우가 많습니다.

회사에서 신입사원이나 후배를 처음 만나게 되면 상대의 역량을 확인하기 전까지는 모든 결과물을 비판적으로 검토하곤 합니다. 선배의 입장에서 최대한 오류를 확인하고 개선할 수 있도록 피드백을 주는 것입니다. AI 역시 신입사원 또는 후배를 대하듯이 수고를 들일 필요가 있습니다. AI가 제공한 정보를 사용자가 확신할 수 있는지, 혹은 내용을 모르는 이해관계자에게 정확하게 설명할 수 있는지 고민해 보아야 합니다.

최종 판단을 제대로 하기 위해서는 그 판단의 배경이 되는 모든 정보가 사실일 필요가 있습니다. 사소한 오류가 큰 판단의 핵심이 되는 경우가 많기 때문입니다. 우리는 정보편향성 때문에 사소해 보이는 단서에 집중하고 의미를 부여하는 경우도 잦습니다. 따라서 우리가 알고 있는 정보에 끊임없이 의문을 품는 과정을 거쳐야 AI를 제대로 활용할 수 있습니다.

나를 꿰뚫어보는 통찰력

우리는 저마다 다른 가치관에 따라 살아갑니다. 다른 사람을 설득할 때는 특히 상대의 가치관이 중요합니다. 사회적 명예가 인생의 목표인 사람은 아무리 많은 돈을 준다고 해도 설득할 수 없습니다. 반대로 부의 축적이 인생의 목표인 사람에게 사회적 가치를 역설해도 그 사람의 마음을 움직일 수는 없습니다. 이는 우리 자신도 마찬가지입니다. 가치관에 맞지 않는 이야기에는 우리의 진심을 담을 수 없고, 다른 이에게 확신하며 말할 수도 없게 됩니다. 사람이 가치관에 따라 행동하는 것과 달리, AI는 확률에 따라 행동합니다. AI는 무수히 많은 패턴을 분석하여 다음 단계를 제시할 수는 있지만, 인간의 장기적 방향이나 관계성, 맥락적인 제약은 이해하지 못합니다. 아무리 효율적인 제안도 실제 의사 결정자인 인간의 가치관에 부합하지 않을 수 있고, 사용자가 몸담은 조직의 방향성에 맞지 않을 때도 있습니다. 그렇기 때문에 우리는 AI의 제안을 받아들일 때에 인간의 통찰력을 발휘해야 합니다. 나 자신, 내가 소속된 조직, 그리고 이해관계자의 가치관이 무엇인지 명확하게 알고 어떻게 해야 그들을 설득할 수 있을지를 고민해야 한다는 것입니다.

　　AI가 제안하는 최단 경로가 언제나 최선은 아닙니다. 복잡한 문제를 풀 때 사용되는 최적화 모델을 떠올려 보면 그 이유가 조금 더 분명해집니다. 산업공학의 핵심은 주어진 상황에서 최적의 답을 찾는 것입니다. 이를 위한 방법 중 하나인 선형계획법을 배우다 보면 경사하강법이라는 알고리즘이 등장합니다. 경사하강법에서는 그래프에서 내가 현재 위치한 지점을 기준으로 결괏값이 더 좋아지는 방향으로 조금씩 움직이며 가장 좋은 답을 찾게 됩니다. 이렇게 내 주변을 조금씩 탐색하며 개선해 나가는 전략은 효율적일 때도 있지만, 자칫하면 내 눈앞에 있는 가까운 언덕만 보고 더 멀리에 있는 훨씬 높은 산을 놓쳐버릴 위험이 있습니다. 결국 주변에서 제일 높은 언덕 꼭대기에 올라서서는 이 정도면 최선이라고 착각하는 것입니다. 이를 최적화 맥락에서는 로컬 옵티멈local optimum에 빠졌다고 표현합니다.

　　이와 유사하게 AI 역시 지금까지 학습한 패턴과 주어진 맥락을 고려하여 자연스럽고 그럴싸해 보이는 답을 제안합니다. 하지만 그렇게 도출한 답이 사용자의 맥락과 정확하게 일치하기는 어렵습니다. AI의 답변은 눈앞의 문제만 해결하는 답일뿐, 전제척인 그림을 고려한 '진짜' 최선의 답은 아닐 수 있습니다. 그러므로 우리는 AI의 답변이 장기적으로도 옳은 선택인지, 우리의 지향점이나 가치관에 어긋나지는 않는지 한 번 더 검토해야 합니다. 그 답변이 정말 사용자와 조직, 이해관계자의 궁극적 목표에 부합하는지 깊이 생각해 보며 AI 시대에도 인간만이 발휘할 수 있는 통찰력으로 판단의 주도권을 지켜내야 합니다.

인간이 가지는 주도권

AI가 아무리 많은 작업을 대신해도, 결과에 대한 책임은 도구가 아니라 사람에게 남습니다. 우리는 흔히 팀의 결과물보다는 개인적으로 만드는 결과물에 더 큰 책임감을 갖고 일하게 됩니다. 자신의 이름이 주는 무게, 이 결과물이 온전히 나를 평가 하는 척도가 된다는 부담감 때문입니다.

AI를 활용할 때에도 결국 그 결과물은 인간 개인이 책임진다는 점을 잊지 말아야 합니다. 문제가 생겼을 때에 이 판단을 내가 책임질 수 있는지, 이 판단의 과정 전체를 내가 온전히 이해했고 타인에게 설명할 수 있는지 자문할 필요가 있습니다. 이 질문에 대해 선뜻 그렇다고 답할 수 없다면 이 결과물은 아직 내 것이 아닌 것입니 다.

가장 좋은 공부 방법은 누군가를 가르치는 것이라는 말이 있습니다. 어떤 문제가 있을 때 내가 혼자 그 문제를 푸는 것과, 그 문제를 이해하지 못한 사람에게 그 문제를 푸는 방법을 가르치는 것에는 큰 차이가 있습니다. 혼자서 문제를 풀 때에는 많은 단계를 생략할 수 있고, 어쩌면 그 단계가 생략되었다는 것조차 인식하지 못할 수도 있습니다. 하지만 누군가에게 그 문제를 설명하기 위해서는 문제를 명확하게 파악하고, 문제 풀이 단계를 하나하나 차근차근 밟아가며 문제를 풀게 됩니다. 그 과정에서 상대방이 질문을 하게 된다면 그 질문에 답하기 위해 더 많은 것을 생각해 보게 되고, 상대방이 이해하지 못한다면 상대방을 이해시키기 위해 새로운 시각으로 문제를 바라보게 되기도 합니다. 우리는 AI의 답변을 이해할 때에도 그 답변이 나오기까지의 과정 전체를 내가 스스로 설명할 수 있는지 따져보며 내 것으로 만드는 시간이 필요합니다.

또한 AI와 함께 일하더라도 실질적인 의사 결정권자는 인간이라는 것을 잊지 말아야 합니다. 한 연구에서도, 결정의 중요도와 책임성이 높은 환경에서는 전문가일수록 AI의 조언을 맹신하지 않는 경향이 나타났습니다. 다시 말해, 결정으로 인한 책임이 분명한 경우 인간은 AI를 그저 참고자료로만 보고 최종 판단을 보류하는 신중함을 보인다는 것입니다. 이처럼 AI와 함께 일하는 상황에서 궁극적인 의사 결정권자는 나 자신임을 분명히 인식하고, 필요하면 AI의 의견을 기꺼이 뒤집을 수 있어야 합니다.

AI의 등장으로 겉보기에는 그럴듯하지만 실제 내용이 부실한 콘텐츠가 홍수처럼 쏟아지고 있습니다. 이를 일컫는 용어로 최근 AI 슬롭AI slop이라는 말도 등장했습니다. AI 슬롭이란, 생산성만을 목표로 해 대량으로 찍어 낸 AI 생성 컨텐츠를 뜻합니다. 이러한 결과물은 처음에는 그럴듯해 보여도 금방 알맹이가 없다는 것이 드러나는 일종의 디지털 쓰레기입니다.

이리한 현상은 업무 환경에서도 나타나고 있습니다. AI로 빠르게 작성한 이메일, 회의록, 기획안 등이 봇물처럼 쏟아져 나오지만, 이를 받아보는 사람 입장에서는 중요한 내용을 걸러내 이해하기 위해 인지적인 노력을 들여야 합니다. 문제는 정작 그 내용의 질이 떨어지는 경우가 많아, 의미 있는 실행 계획으로 재가공하기 위해 오히려 더 많은 시간과 노력을 들여야 한다는 점입니다.

분석에 따르면 AI가 작성한 온라인 글은 독자의 참여도를 약 40%

떨어뜨리고, 순수하게 인간이 작성한 글 대비 5분의 1 수준의 트래픽만을 얻는다고 합니다. 그만큼 피로도만 높고 얻을 것은 적은 콘텐츠가 양산되고 있다는 뜻입니다. 우리도 인터넷상에서 글을 읽거나 영상을 볼 때 AI가 만든 콘텐츠임을 알아차리게 되는 경우가 흔히 있습니다. 컨텐츠 작성자가 인간이 아닌 AI임을 알아채는 결정적인 단서는 대부분 그 내용에 있습니다. 썸네일만 훑어보았을 때에는 의미 있는 내용을 담고 있을 것 같지만 막상 글이나 영상을 찬찬히 들여다보면 앞뒤가 맞지 않거나 무의미한 내용이 반복되고 있는 경우가 많습니다. 그렇기 때문에 무언가를 직접 찾아 보려 하기보다는 오히려 핵심만 요약해 주는 AI를 더 많이 사용하게 되는 경향도 있습니다. 하지만 이렇게 AI를 사용하는 것이 익숙해지면 무언가를 만들어 낼 때에도 습관처럼 AI를 활용하게 되고, 또다시 질이 낮은 결과물을 만들어 내게 되는 악순환에 빠지게 되는 것입니다.

우리는 AI의 결과물을 철저히 의심하고, 평가하고, 수정 보완하여 온전히 '나의 결과물'로 가공해야 합니다. 그래야만 나의 이름을 걸고 결과물을 내놓았을 때에 후회가 없을 것입니다.

결정권을 놓지 않는 법

AI는 뛰어난 도구지만 우리의 판단을 대신할 수는 없습니다. AI가 아무리 빠르게 답을 내놓는다 해도 우리가 그 속도에 맞출 필요는 없습니다. 우리는 종종 AI의 빠른 속도에 압도되어 자기도 모르는 사이에 그 속도에 발맞추기 위해 많은 것을 생략해 버리곤 합니다. 깊은 질문에도 빠르게 제공되는 답변을 보면, 나도 모르게 그 호흡에 맞추어 답변을 읽고, 또 다시 질문합니다. 질문을 던지기 위해 생각하는 시간은 점차 짧아지고, 질문은 점차 가벼워집니다.

같이 일하는 동료 중 유명한 '일잘러'가 있습니다. 같은 주제를 받아도 늘 다른 사람들은 생각하지 못했던 통찰을 보여 주는 분이라 많은 사람들이 존경한다는 표현을 합니다. 그런데 얼마전 그분과 식사를 하다 놀라운 이야기를 들었습니다. 지금까지 업무에 AI를 사용한 적이 한 번도 없다는 것입니다. 모두가 AI를 통해 업무의 효율을 높이고 있는 지금, 왜 그분은 AI를 사용하지 않았을까요. 그리고 그럼에도 불구하고 어떻게 항상 그렇게 좋은 결과물을 내고 있는 것일까요. 곰곰이 생각해 본 결과, 그분은 오히려 AI를 사용하지 않고 있는 사람이기 때문에 지금까지도 변함없이 좋은 결과를 보여 주고 있다는 것이었습니다. 우리는 AI를 사용하면서 많은 정보를 요약해서 핵심만을 빠르게 이해하게 되었다고 생각하지만 그것은 착각인 경우가 많습니다. 놓치는 정보도, 잘못된 정보도 오히려 늘어나고 있다고 볼수도 있습니다. 하지만 AI를 사용하지 않는 사람은 그 많은 정보를 스스로 소화하며 우리가 놓치고 있는 것들로부터 새로운 시각을 갖게 될 수도 있습니다.

AI를 사용해선 안 된다는 이야기를 하려는 것은 아닙니다. 중요한 것은 AI의 제안과 판단을 항상 다시 살펴봐야 한다는 것입니다. AI의 대답을 받아들일 때에 생각해 보아야 할 원칙들은 그저 AI를 불신하기 위한 장치가 아닙니다. AI와의 협업에서 우리의 판단이 흐려지지 않도록 지켜 주는 내면의 안전장치이자, 사고의 기준점입니다. AI는 우리의 속도를 높여 주는 동반자일 뿐, 우리를 대신해 방향을 정해 주지는 않습니다. 우리가 AI를 따라가는 존재가 아니라 AI 앞에서 방향을 정하고 선택하는 판단자로 남기 위해, 주도권은 늘 인간에게 있어야 합니다.

협업을 위한 리더십

모두가 리더인 사회

　팀에서 리더를 맡아 본 적이 있으신가요? 과거에는 '리더'가 되려면 반드시 어느 정도의 경력을 쌓아야 했습니다. 나보다 경력이 적은 팀원들을 이끌고 지휘하는 위치에 있는 사람이 우리가 알던 리더의 전형적인 모습입니다.

　하지만 누구나 AI와 함께 일하는 요즘, 리더십의 모습은 달라졌습니다. AI라는 똑똑한 팀원을 관리하고 이끄는 역할은 더 이상 경력이 많은 사람들만의 몫이 아닙니다. 이제 우리는 AI를 단순히 도구로 다루지 않고 AI와 협업하고 적절한 업무지시를 내려야 하는 리더와 팀원의 관계로 새롭게 지위를 다져야 합니다. 더 이상 'AI가 인간을 대체할 것인가'라는 구시대적인 두려움에 머물러서는 안 됩니다. 오히려 인간과 AI는 각자의 강점을 결합하여 일하는 '협업 지능'을 발휘해야 하는 시점에 있습니다. 인간은 리더십, 팀워크, 창의력, 사회성과 같은 고유의 강점을 발휘하고, AI는 방대한 데이터를 빠르게 처리하고 결과물을 보여 주면서 서로의 결핍을 메워 주고 있습니다. 이러한 협력 관계에서 인간은 모든 일을 직접 처리하던 역할을 벗어나서 일의 방향성을 정하고 결과를 감독하는 리더의 역할을 해내야 합니다. 그렇다면 AI와 인간 팀원을 조화롭게 이끌 수 있는 AI 시대의 리더로 자리잡기 위해서는 어떤 역량이 필요할까요?

팀원을 이해하는 리더

한 프로젝트를 맡아 다섯 명의 팀원과 함께 해야 하는 상황입니다. 이 팀의 리더가 된다면 가장 먼저 어떤 일을 할 수 있을까요? 아마 개별 면담부터 진행할 것입니다. 팀원 개인이 어떤 성향인지, 동기 부여를 받는 방식은 무엇인지, 강점과 약점이 무엇인지 파악해야 합니다. 팀원의 특성을 이해하면 개개인의 역할을 결정하기 쉽고, 팀 전체의 구성도 그림을 그려 볼 수 있기 때문입니다. 그런 다음에 효과적으로 업무 분배를 할 수 있습니다.

예전에 다른 성향을 가진 세 명의 팀원을 이끌고 프로젝트를 진행한 적이 있습니다. 팀원 중 한 명은 반짝이는 아이디어가 많지만 일하는 걸 정말 귀찮아하는 타입이었습니다. 또 한 명은 아주 성실하고 자료 정리를 잘하는 조용한 사람, 나머지 한 명은 특별한 아이디어가 있거나 업무 수행 능력이 뛰어난 편은 아니었지만 늘 유쾌하고 밝은 성격으로 팀의 분위기를 밝게 만들어 주었습니다.

각자가 모두 다른 강점을 지니고 있었기에 업무를 배분할 때에도 이 특성을 고려하게 되었습니다. 유쾌하고 밝은 팀원 덕분에 회의가 늘 즐겁게 진행되었고, 아이디어가 많은 팀원은 그 분위기를 타고 늘 많은 이야기를 진전시켰습니다. 그리고 그 아이디어를 구체화시키는 것은 회의가 끝난 후에도 성실하게 자료정리를 잘하는 팀원 덕분에 가능했습니다. 각자의 단점도 물론 있었지만 장점을 중심에 두고 보며 그에 적합한 업무 진행 방식과 구체적인 업무 배분을 하는 것이 좋은 결과물을 만들어 낸다는 것을 느낀 시간이었습니다.

AI와 협력할 때도 이러한 방식을 적용하는 것이 좋습니다. 우리의 팀원인 여러 AI 모델의 강점과 약점을 파악하기 위해 충분히 대화하며 테스트해야 합니다. 실제로 챗GPT와 제미나이를 함께 사용해 보면 그 둘의 차이를 체감할 수 있습니다. 챗GPT는 창의적인 글을 쓰거나 이미지 초안을 잘 만들어 냅니다. 반면 제미나이는 깊이 있는 조사를 요청하면 신중하게 조사 과정을 사용자에게 먼저 확인한 후 진행하기 때문에 단계별로 인간이 개입할 여지가 있다는 장점이 있습니다. 그래서 AI와 업무를 할 때에 전체적인 흐름은 챗GPT에게, 그리고 뒷받침할 구체적인 내용을 찾는 것은 제미나이에게 맡기곤 합니다. 단 두 개의 도구만 사용해도 이처럼 특성을 알고 있으면 업무의 효율이 달라집니다. 더욱 다양한 AI 모델과 함께 일하게 될 미래에는 AI 툴 각각에 대한 깊이 있는 이해가 리더의 자질을 결정하게 될 것입니다.

팀원의 성장을 설계하는 리더

AI를 활용하며 인간 팀원과도 협력할 때는 보통 기초적이고 반복적인 작업을 당연하게 AI에게 먼저 배정합니다. 사람에게 단순 반복 업무를 맡겼을 때 발생할 수 있는 감정적인 반발이나 동기 저하를 막고, 인간이 AI보다 고차원적인 일을 해야 한다는 인식이 있기 때문입니다.

이렇게 AI가 점점 '신입사원'이 할 법한 단순 업무를 대신하게 되면서, 조직에서는 '주니어 역할을 맡을 인간 팀원이 정말 필요할까?'라는 의문을 품게 됩니다. 과거에 신입사원이 하던 업무를 AI가 대신해 주고 있으니, 효율성의 측면에서 당연히 생각할 수 있는 문제입니다. 하지만 이것은 미래의 인재를 위한 '성장의 사다리'를 걷어차는 위험한 발상입니다. 리더십의 관점에서 이 질문은 방향이 잘못되었다는 것을 알 수 있습니다. 과거에는 물론이고 AI 시대인 지금도 변하지 않는 리더의 역량이 있습니다. 바로 팀원의 성장 경로를 설계하는 일입니다.

흔히 단순 노동이라고 불리는 주니어가 전담하는 업무는 사실 문제 해결력, 판단력, 현장 감각을 형성하는 중요한 과정입니다. 고객의 반응을 직접 느끼고, 작은 실패를 겪어 보고, 상황을 해석하며 스스로 결정을 내리는 과정은 AI가 대신할 수도 없고, 하물며 대신해서도 안 되는 인간 고유의 학습 영역입니다.

만약 이 업무를 모두 AI에게 맡기고 인간 주니어 포지션을 없애 버리면 장기적으로는 개인뿐만 아니라 조직의 성장에도 악영향을 끼치

     AI에게 나를 묻다

게 됩니다. 처음 회사에 입사한 신입사원에게 AI 팀원과 일하며 리더 역할을 하라고 한다면 어떠한 일이 발생할까요. 물론 뛰어난 인재라면 처음부터 좋은 역량을 보여 줄 수도 있겠지만 대부분의 경우 이 구성원은 조직에 제대로 적응하기 힘들 것입니다. 구성원의 성장 경로를 제거해 버렸기 때문입니다.

따라서 리더는 AI와 인간 팀원의 역할을 재설계해야 합니다. 간단한 업무 진행은 AI 팀원에게 맡기더라도, 인간 팀원이 그 결과물을 검토하고 비판적으로 해석하는 과정에 참여할 수 있게 유도해야 합니다. 그리고 단순 작업을 통한 성장의 기회를 얻을 수 있도록 인간 팀원을 위한 커리큘럼을 디자인해야 합니다. AI가 정답을 도출하고 나면, 인간은 AI의 답을 검증하고 전략적으로 사고하며 '문제를 이해하는 사람'으로 성장해야 하기 때문입니다.

리더십은 단순히 팀원을 지휘하는 기술이 아닙니다. 이제는 AI의 효율성을 극대화하며, 인간 팀원이 성장할 기회를 마련하는 구조를 설계하는 능력이 필요합니다. 이들의 균형점을 찾아갈 때, 리더는 팀의 생명력과 혁신의 에너지를 지켜낼 수 있습니다.

팀원을 동등하게 바라봐 주는 리더

보스와 리더의 차이점에 대해 들어본 적이 있습니다. 보스는 앞에서서 사람을 끌고 가지만, 리더는 뒤에서 사람들을 밀어 준다는 것입니다. 이렇게 진정한 리더는 방향은 제시하되 뒤에서 팀원들을 믿고 지지해 주는 사람이라고들 말합니다. 우리는 조직 생활에서 다양한 리더들을 만나게 됩니다. 어떤 리더는 매우 똑똑하고 자기 주장이 강해서 팀원들의 생각을 묻기보다는 자신의 지시에 따르라고 일방적으로 지시하기도 합니다. 또 어떤 리더는 아무런 방향성 없이 그저 팀원들을 들들 볶아 아이디어를 짜내게 만들기도 합니다. 물론 개인의 성향에 따라 선호하는 리더의 상은 다르겠지만, 일반적으로 수직적인 관계보다는 동등한 수평적 관계를 선호하는 사람이 많습니다.

AI를 팀원으로 대할 때에도 크게 다르지 않습니다. AI를 단순한 도구로 생각하면 '지시'에 중점을 두기 마련입니다. AI에게 우리가 시키는 일만 하도록 지시하면 AI의 잠재력을 제대로 활용할 수 없습니다. AI를 인간과 동등한 팀원으로 대하며 깊이 있는 대화를 하는 것이 중요합니다. 정해진 답을 얻은 후에 이들의 역할이 끝나는 것이 아니라, AI의 답변을 발판으로 우리의 시야를 확장하고 꼬리 질문을 이어가야 합니다. 하버드 연구진이 'AI를 도구가 아닌 팀원으로 재개념화하라'고 권고한 이유도 이와 같습니다.

챗GPT와 새로운 프로젝트의 명칭을 고민하는 상황이라고 가정해 보겠습니다. 이때, 프로젝트의 배경과 목표를 구체적으로 설명한 다음 프로젝트의 명칭을 구상해 달라고 하면 챗GPT는 수백 혹은 수천 개의 아이디어를 제공할 수 있습니다. 단순하게는 챗GPT의 수많은 제안 중 마음에 드는 한 가지를 고르면 됩니다. 하지만 거기에서 그치지 않고 그런 아이디어를 낸 이유와, 그에 따른 강점을 추가로 질문해야 합니다. 이를 통해 챗GPT는 첫 질문에 답할 때는 미처 생각하지 못한 부분까지 고려하여 더 나은 답변을 도출할 수 있습니다. 게

다가 추가 질문을 하기 위해 우리도 '생각'을 해야 하기 때문에 인간의 사고력도 확장된다는 장점이 있습니다.

AI와의 '제대로 된' 공생

AI 팀원을 이끌고 리더의 역할을 하고 있는 지금, 우리에게 중요한 역량은 무엇일까요? 여러 논의를 종합해 보면, 과거에 인간 팀원으로만 팀이 구성되던 시절의 리더십과 크게 다르지 않습니다. 핵심은 AI라는 새로운 파트너를 대할 때, 그들이 '인간'이 아니기에 간과하기 쉬운 존중과 이해의 원칙들을 한 번 더 상기하는 것입니다. 이처럼 AI를 인간 동료와 같은 입장으로 바라볼 때, AI와 인간 팀원 각각의 잠재력을 끌어내고 함께 성장할 수 있는 토대가 마련됩니다.

우리는 인간이 AI에게 정서적으로 의존하거나, 맹목적으로 신뢰하는 현상을 경계해 왔습니다. 그리고 이와 관련하여 AI에게 인간 고유의 영역을 잠식당하지 않기 위해 우리가 지켜내야 할 가치들을 되짚어 보았습니다. 그 가치, 즉 고유의 인간다움을 잃지 않으려면 비효율적이고 불편한 인간의 특성을 기꺼이 인정하고, 그럼에도 불구하고 그 불완전성이 주는 즐거움과 매력을 자주 상기해야 함을 알았습니다. 이는 논리적으로 모순처럼 보일 수 있습니다. 인간의 불완전함을 보완하기 위해 만들어진 것이 AI인데, 왜 우리는 완벽의 그늘에서 벗어나 인간의 불완전함을 고수해야 하는 걸까요.

인간을 보완해 주기 위해 만들어진 AI는 오히려 인간을 더 불완전하게 만들고 있습니다. 우리는 AI가 이해한 것을 마치 내가 이해한 것으로 착각하고, 불완전한 정보를 기반으로 잘못된 선택을 하곤 합니다.

얼마 전 젊은 세대를 타겟으로 하는 제품 전략을 만드는 프로젝트에 참여하게 되었습니다. 가장 먼저 한 일은 누구나 예상하듯, AI에게 물어본 것입니다. Gen Z 관련된 보고서나 통계자료 찾아서 요약해 줘. 몇 분 지나지 않아 AI는 수많은 정보를 찾아봤다며 요약된 자료를 내놓았습니다. 덕분에, 순식간에 타겟 사용자를 다 이해한 것만 같았습니다.

하지만 며칠 후, 시간을 내서 Gen Z들이 좋아한다는 카페에 가서 그들을 직접 만나고 이야기해 본 후 생각은 완전히 달라졌습니다. 사람과 사람이 만나서 대화하고 관찰하며 포착할 수 있는 텍스트 이면의 것들은 단순히 AI가 요약해 주는 것 이상의 느낌을 줍니다. 그리고 우리는 감각적으로 어떤 것이 진짜인지, 어떤 것이 더 중요한지 느낄 수 있습니다. AI가 우리의 시간을 아껴 줄 수는 있지만, 아껴진 시간만큼 우리의 결과물이 나아졌다는 보장은 결코 없습니다. 그리고 가장 큰 문제는, 우리 스스로가 그것을 인지하지 못하는 것입니다.

우리가 다시 찾고자 하는 인간의 불완전성은 이런 부족함이 아닙니다. 아마도 사람의 말 뒤에 숨겨져 있는 또다른 수많은 감정, 완벽하지 않을 것임을 알면서도 나만의 것을 만들어 내고자 하는 욕망, 비효율적인 것을 인정하면서도 시간을 들여 생각하고 상상하는 느림, 틀릴 수 있음에도 불구하고 시도해 보는 진심, 이런 것들을 다시 찾아야 합니다.

AI와 아름답게 공생하기 위한 균형점을 찾아 나가는 이 여정의 종착지는 결국 AI를 인간 동료처럼 대하고, 인간 고유의 특성을 인정하는 본질적인 자세로 돌아가는 것입니다. AI의 결과물을 이미 완성된 출력값이 아닌, 인간에게 새로운 자극을 주는 입력으로 받아들여야 합니다. 그래야만 우리는 불완전함을 극복하려는 AI의 발전을 활용하면서도, 그 불완전성이 주는 인간 본연의 매력을 잃지 않을 수 있습니다. AI를 단순히 효율성을 높이는 도구가 아닌, 인간의 창의력과 사유의 폭을 확장하는 영감으로 인식할 때 비로소 우리는 '제대로 된' 공생을 통해 인간의 가능성을 새롭게 정의하는 미래를 열어갈 수 있을 것입니다.

작고 비효율적인 관심

김가원

지난 금요일은 입동이었습니다. 곧이어 소설이 옵니다. 겨울이 시작되고 첫눈이 내리는 시간이라는 뜻입니다. 한국의 달력에는 숫자 말고도 이런 계절적 의미를 가진 태그들이 붙어 있습니다. 농사를 위해 시점을 나눠 놓은 것인데 현대사회에서는 꽤 다정한 서사처럼 느껴집니다. 이를테면 봄이 시작합니다, 개구리가 깨어납니다, 낮보다 밤이 길어집니다 같은 것들입니다. 그리고 현대의 우리는 디지털 기기 위의 많은 숫자 위에도 이야기를 붙이려고 애씁니다.

'당신은 이것이 필요합니다. 이것을 좋아할 것입니다. 아니, 아무 것도 하지 않아도 당신의 모든 것을 더 좋게 만들겠습니다.'

이렇게 편리함에 붙여진 이야기들은 내 삶을 꽤 괜찮게 바꿔놓을 것 같습니다. 단순하게 생각하면 필요한 기술들이 시대에 따라 변해 왔을 뿐입니다. 그런데 우리가 요즘 듣는 인공지능, 양자 컴퓨팅, 로봇, 블록체인 같은 기술들은 단순히 지금의 시스템을 대체하거나 개선하는 이름들은 아닙니다. 대신, 시스템 자체를 다시 정의하는 기술들입니다. 특히 인공지능은 나의 외부 시스템을 변화시키는 것뿐만 아니라 나의 내부 시스템까지도 바꿔놓을 수 있습니다. 가장 대표적으로 '생각한다'라는 동사가, 이 인간의 시스템이, 가장 많이 변하고 있습니다.

최근 2년간 발표된 인간-기계 상호작용 분야 논문을 보면 인공지능이 우리가 생각하는 데 어떤 영향을 주는지 연구한 내용들이 많습니다. AI가 어느 정도까지는 생각하는 데 도움을 줄 수 있지만 정말 나의 생각을 위해서는 혼자 스스로 해 보는 노력이 필요하다는 결론들입니다. '당연한 말 아닌가'라는 실소가 나옵니다. 하지만 '이런 것들이 변하겠어?'라고 여겼던 것들도 쉽게 변합니다. 몇 년만 지나도 인공지능이 나 대신 생각해 주는 것을 자연스럽다고 느낄 수 있습니다. 사람들에게 '사진 찍어야지'라고 말하면 모두들 스마트폰으로 사진을 찍는 모습을 떠올립니다. 캐논이나 라이카 카메라를 손에 들고 있는 모습은 우리가 말하는 사진을 찍는 행위가 아니라, 특별한 취향입니다. 마찬가지로 새로운 세대에서 '생각한다'라는 말은 나만의 인공지능과 함께하는 것으로 정의될 수도 있습니다. '생각한다'의 본래 의미가 어떤 것을 인공지능과 같이 보고 느끼고 판단하는 것이라고 여기기 쉽습니다. 이런 상황에서 혼자 생각한다는 것은 특별하고 유난스러운 일입니다.

그래서 올해는 아이디어를 만들어 낸다는 것과 글을 쓴다는 것의 본질이 무엇일까 많이 고민했습니다. 생각도 이렇게 인공지능이 해 주는 시점이 온다면 인간만의 아이디어와 인간이 직접 쓴 글이 어떤 의미가 있을지 알 수 없었습니다. 사실 뉴스레터를 쓰면서 챗GPT를 실험적으로 혹은 습관적으로 사용했지만 만족스럽기보다는 짜증 낸 기억이 더 많습니다. 매번 챗GPT에게 작은 부분도 다 맡기지 못하는 의심스러운 마음과 동시에 그 정도의 내용은 구조적으로 잘 써 줄 수 있지 않나 싶은 실망감이 교차했기 때문입니다. 실제 글을 쓰는 시간보다 기대하고 실망하는 시간들이 더 많았습니다.

그럼에도 완전히 이런 방식을 놓을 수는 없었습니다. AI로 내가 생각하지 못했던 아이디어를 발견하고 글을 쓸 수 있을 것이라는 논리적인 확신이 들기 때문입니다. 그래서 더 다양한 예시와 완벽한 방법을 묻고 또 묻습니다. 혼자서는 미처 떠올리지 못했을 관점이나 표현을 발견할 수 있다는 기대를 포기할 수 없습니다. 더 마음에 드는 선택을 할 확률이 높아질 테니 말입니다. 무한한 가능성과 선택지가 나를 더 잘 생각하게 만들어 주는 것만 같습니다. 하지만 그 결과는 그렇게 멋지지 않았습니다. 소셜미디어와 뉴스에서 보던 결과물들은 이런 게 아니었는데 사용 방법을 몰라서 이런 결과가 나온 것만 같습니다. 그런데 사실 사람은 자기가 고민해 봤던 만큼, 상상해 봤던 만큼, 꿈꿔 본 만큼, 마음을 줬던 만큼 생각하고 만들 수 있습니다. 결과물들이 이상했던 것은 어느새 AI의 가능성에만 매료되어 내가 무엇을 왜 만들고 싶었던 것인지에 대해 마음을 쓰지 않았기 때문이었습니다.

최근에 회사 동료가 한 유튜브 채널을 추천해 주었습니다. 남녀 두 명이 3일 동안 사랑에 빠질 수 있을까 라는 질문으로 여행을 가서 소개팅을 하는 영상이었습니다. 멋진 남자와 예쁜 여자 그리고 여행지, 감성적인 필터가 입혀진 화면과 어울리는 노래와 연출. 그 영상 댓글에는 이 둘의 모습을 보고 영화와 드라마가 우리의 설렘과 사랑을 일부도 담지 못한다는 걸 알았다고 남겨져 있었습니다. 만약 3일이란 제약이 없었다면, 다른 연애 프로그램처럼 여러 명과 만나는 방식이었다면, 주인공들과 구독자들이 다른 감정을 느끼고 결과도 달라지지 않았을까 하는 생각이 들었습니다.

어쩌면 우리가 생각한다는 것도, 그 생각 중에서 몇 개를 선택하는 것도, 이런 제약이 필요한 것일지도 모릅니다. 편리한 선택지가 열려 있는 상황에서 제약을 두고 뭔가를 하는 것은 어려운 일입니다. 내가 스스로 생각하고 뭔가를 만들어 낸다는 것은 비효율적인 일로 느껴지기 때문입니다. 하지만 삶에서는 비효율적인 것들이 큰 의미를 만들어 냅니다. 우리가 살면서 중요하다고 여기는 것들, 이를테면 애정, 신뢰, 관계, 노력 같은 것들은 모두 비효율적인 시간을 먹고 자랍니다. 기회비용을 따지지 않고 순수하게 애쓰는 마음이 결과를 만들기 때문입니다.

지금과 같은 시대에서 인간적인 관점을 유지하기 위해서 무엇이 필요하냐고 묻는다면, 저는 비효율적인 관심이라고 말하고 싶습니다. 빠르게 많이 모든 것을 완벽하게 아는 것이 아니라 어설프더라도 내가 직접 호기심을 가지고 세상을 궁금해하는 것. 우리가 감탄하고 있는 인공지능의 시대를 넘어서 더 진보적인 기술이 나와도 인공지능이 어느새 새로운 종족이자 존재로 우리 사회에 함께할 때도 말입니다.

　아무런 도움 없이 어떤 것도 보지 않고 나의 손끝으로만 프롤로그와 에필로그를 쓰면서 오랜만에 스스로 완성했다는 감각을 느껴 봅니다. 그리고 이 책과 함께하는 독자분들의 아침과 밤이 비효율적인 관심과 풋풋함이 있는 시간이 되길 바랍니다. 그것이 새로운 기술의 시대에서 가장 인간적인 모습일 것이라는 생각과 생각을 이어 봅니다.

기술과 함께하는 삶,
꼭 필요한 걸까

정민주

이 글을 쓰는 지금, 저는 지중해 한가운데에 떠 있습니다. 망망대해를 건너는 배 위에서 깜깜한 밤을 맞이하며 글을 쓰고 있지요. 여기서는 통신망이 잡히지 않습니다. 아주 오랜만에 모든 기기가 오프라인인 상태를 경험하고 있습니다. 이참에 디지털 디톡스나 해 보려고 호기롭게 시작했는데, 생각보다 상당히 불편한 게 사실입니다.

배 위에서 만나는 세계 각국의 사람들과 인사를 나누고 짧은 대화를 나눌 때에도 번역기가 없다는 사실에 당황하곤 합니다. 겨우 기억을 짜내 생각난 몇 마디 단어들과 진심이 담긴 눈빛, 그리고 나의 손발만이 그들과의 대화를 이어가게 해 주죠. 하지만 다행스럽게도 인간의 눈치는 대단해서 서로의 언어를 충분히 이해합니다(라고 생각하지만 실제로 제대로 이해했는지는 아무도, 영원히 알 수 없겠죠).

식당에서 메뉴판을 받아 들고 난생 처음 보는 음식 이름을 마주하면 구글을 사용할 수 없다는 사실에 또 한 번 좌절합니다. 모르는 음식은 구글링해서 음식 이미지를 찾아보고 무얼 시킬지 결정했었는데, 이제는 주문을 받는 사람에게 질문을 해야 하고 그의 설명에 나의 상상력을 최대한 덧붙여서 음식을 골라야 합니다. 그리고 상상하지 못한 비주얼의 음식을 받고는 또다시 좌절하죠. 하지만 덕분에 구글 검색을 했으면 절대 시키지 않았을 음식을 맛보는 경험을 한 것에 감사하려 노력해 봅니다.

가족들과 대화를 나누며 궁금한 게 생겨도 바로바로 검색해 볼 수 없어서 불편하기도 합니다. 이야기하다 궁금한 게 생기면 누가 먼저랄 것도 없이 모두 휴대폰을 들고 챗GPT에게 질문을 한 뒤 서로의 결과물을 공유하며 대화를 나누는 게 요즘 우리의 일상이었습니다. 하지만 이젠 모르는 단어나 잘 기억나지 않는 것이 있어도 배에서 내려 인터넷을 할 수 있을 때까지 모르는 채로 답답함을 품고 있어야 합니다. 대신 근거 없는 추측이 난무하는 대화가 오가죠. 덕분에 가족의 대화가 옳은 방향은 아닐지 몰라도 풍부하게 늘어가는 것은 생각해 보지 못했던 즐거움이었습니다.

습관적으로 휴대폰을 손에 들고 화면을 켜지만, 막상 지금 할 수 있는 건 오늘 찍은 사진을 다시 한번 들여다보는 것 밖에는 없음을 깨닫고 이내 화면을 끕니다. '이 기계는 인터넷에 연결되지 않고는 쓸모가 없는 돌덩이구나, 온디바이스 AI라는 건 대체 어디에 쓰는 걸까' 투덜거리면서도 이상하게 항상 손에 그 무거운 돌덩이를 꼭 쥐고 있는 나를 발견합니다.

그리고 밤이 되어 모두가 잠든 시간에 이 책을 쓰며, 드디어 혼자

　AI에게 나를 묻다

만의 시간을 가져 봅니다. 이 책을 쓰는 내내 AI와 함께하지 않은 적이 없었는데 에필로그를 쓰면서 드디어 정말 '혼자서' 글을 쓰는 경험을 하고 있습니다. 문득 그런 생각이 듭니다.

기술과, AI와 함께하는 삶이 꼭 필요한 걸까?

예전에 글을 쓸 때에는 스토리 라인을 잡아보고 스스로에게 질문을 던졌습니다. 이 전개가 자연스러운가? 처음 듣는 사람도 이해할 수 있을까? 글을 읽는 사람을 설득할 만한 내용인가? 그 과정을 거치고 나서는 주변 사람들에게 검토를 부탁했죠. '어때? 이해가 잘 되는 것 같아? 자연스러워? 어색한 건 없어?' 하지만 지금은 글을 쓰는 내내 AI에게 묻습니다. '이런 글 어때? 이 문장 어때? 이 내용 좀 검색해 줄래?'하고 말입니다.

예전보다 빠르게 글에 내용을 더하고 뺄 수 있게 되었지만 혼자 곰곰이 생각하는 시간이 정말 적어졌습니다. 그리고 이 생각들이 나의 것인지, AI의 것인지 어느 순간 모호해지기까지 했죠. 나와 오랜 시간 함께하며 나에 대해 많은 것을 알고 어느 새 나의 말투까지 따라하게 된 AI가 던져 준 대답은 마치 내 머릿속에서 나온 것 같기도 하고 내 마음을 가장 잘 읽는 것 같기도 합니다.

저는 꽤 오랜 시간 기술을 너무나도 사랑하는 사람이었습니다. 물론 지금도 누구보다 빨리 신기술을 사용해 보려 노력하고 새로운 서비스가 나오면 열심히 써 보며 이런저런 의견을 혼자 내놓기도 합니다. 하지만 예전보다 너무 많이 기술에 의존하는 삶을 살고 있음을 부인할 수 없고, 이제는 조금 무섭기도 한 게 사실입니다. 사람은 평생 자기가 가진 뇌의 정말 일부분만을 사용한다는데 요즘 저를 보면 그 일부분의 더 작고 작은 부분만 사용하고 나머지는 다 AI에게 맡기는 게 아닌가 싶습니다. 과연 내가 제대로 살고 있는 건지, 이러다가 모든 사람의 뇌가 다 쪼그라들어 버리는 건 아닐까 과도한 상상을 해 보기도 합니다.

　스무 살 때 난생 처음 혼자 해외여행을 하게 되었습니다. 비행기를 타고 파리에 도착해 숙소를 찾아가는데 그 시절엔 스마트폰이 없었습니다. 그래서 종이에 적어 온 대로 지하철을 타고 어느 역에 내려, 숙소까지 찾아가기 위해 종이 지도를 펼쳤습니다. 지도를 봐도 여기가 어디인지 알 수 없던 저는 고등학교에서 제2외국어로 배운 불어를 총동원해 지나가는 사람들을 붙잡고 길을 물었습니다. 제가 간과했던 건 제가 불어로 질문하면 대답도 불어로 돌아온다는 것이었습니다. 저의 학습 수준과 너무나도 괴리가 컸던 듣기 평가를 마치고 나면 '아, 그냥 영어로 물어볼걸 왜 그랬을까'하는 후회만이 남았습니다. 그렇게 한 달여 간을 파리와 런던에서 지내고 나니 정말 오랜 시간이 지난 지금도 파리나 런던에 가면 주요 도로들이 머릿속에 훤히 펼쳐집니다. 그런데 요즘은 그것보다 긴 시간을 한 도시에서 보내고 나서도 그 도시의 길이 머릿속에 잘 그려지지 않습니다. 아무래도 구글 맵만 믿고 내비게이션이 이끄는 대로 다녔기 때문이겠죠. 여행의 효율은 더없이 높아졌지만, 밀도는 오히려 낮아진 게 아닐까 싶은 생각도 듭니다. 어떤 것이 더 좋은 여행일까요? 번역기와 내비게이션, 환율 계산기, 디지털 페이 등 다양한 기술에 의존해 다니는 요즘의 여행은 잘못된 것일까요? 앞으로 우리가 살아가는 세상은 인간에게 좋은 방향이 맞을까요?

하지만 매번 새로운 기술이 나올 때마다 그에 따른 부정적인 면들을 과하게 걱정하는 이런 과정을 거치지 않았나 싶습니다. 자동차가 상용화되면 사람이 걷지 않아 큰일이 날 것처럼 생각했던 시절이 있었겠지만 지금 수많은 사람들은 건강을 위해 자전거를 타고, 계단을 걸어 올라가고, 심지어 일부러 시간을 내서 한강공원과 석촌호수를 뛰곤 합니다. TV와 새로운 미디어가 나올 때 이제 책의 시대는 갔다며 사람들이 영상만 보고 상상력을 잃게 되지 않을까 걱정하는 시선들이 많았죠. 하지만 지금 사람들은 잊혀진 텍스트의 힙함을 다시 한 번 발견하게 되었고 활자를 탐미하며 아날로그 책장을 넘기는 유행이 생겨났습니다.

AI도 마찬가지일 거라 믿어 봅니다. 지금은 우리가 어떻게 이 기술을 활용해야 '제대로' 인간이 발전할 수 있는지 걱정이 많지만 우리는 언젠가 의도치 않게 그 길을 찾아낼 것이며, 인간답게 살아가기 위해 끊임없이 노력할 것입니다. 기술의 부정적인 면은 기술 그 자체가 아니라 기술을 사용하는 사람이 만들어 내는 것이라 생각합니다. 기술의 긍정적인 면 또한 마찬가지겠죠.

AI는 언제부터인가 너무 익숙해져 질문 없이 받아들이게 된 대상이 되었습니다. 이 책은 그런 익숙함에 작은 의문을 던지며, AI를 사람의 감정과 관계, 윤리적 태도 속에서 다시 바라보려는 시도였습니다. 우리가 살면서 접하는 AI에 대한 질문을 던지는 관점은 다양할 수 있지만, 결국 AI를 사용하는 것은 사람이기에, 사람의 시선에서 AI를 바라보는 질문이 필요하다고 생각했습니다. 이 책은 그 질문에 정답을 제시하는 것을 목표로 하지는 않았습니다. 대신 여러분이 너무나도 익숙하게 사용해 온 AI에 대해 스스로 묻고, 선택하고, 관계 맺기를 시작하는 계기가 되기를 바랍니다. 이제는 당신의 질문을 시작할 차례입니다.

참고문헌